KB138952

과학이슈 하이라이트

퓨처 모빌리티

과학이슈 하이라이트 Vol. 04
퓨처 모빌리티

초판 1쇄 발행 2022년 9월 30일

글쓴이 김정훈
펴낸이 이경민

편집 이순아
디자인 김현수

펴낸곳 (주)동아엠앤비
출판등록 2014년 3월 28일(제25100-2014-000025호)
주소 (03737) 서울특별시 서대문구 충정로 35-17 인촌빌딩 1층
홈페이지 www.dongamnb.com
전화 (편집) 02-392-6903 (마케팅) 02-392-6900
팩스 02-392-6902
이메일 damnb0401@naver.com
SNS 🇫 🇮🇩 🇧🇱🇴🇬

ISBN 979-11-6363-631-1 (43550)

퓨처
FUTURE MOBILITY

김정훈 지음

동아엠앤비

펴내는 글

    과학이슈 하이라이트는 최신 과학이슈를 엄선하여 선정해 기초적인 과학 지식에서 최근 연구 동향에 이르기까지 풍부한 정보와 더불어 이해를 돕는 고품질 사진과 일러스트를 담고 있다. 깊이 있는 분석과 상세한 설명, 풍부한 시각 자료를 통해 과학에 관심이 많은 독자와 학습에 도움이 되는 자료를 찾는 학생 모두에게 유용한 교양 도서이다.

    이번 주제는 바로 '미래 모빌리티'이다. '모빌리티'를 직역하면 '이동성'으로 해석되나 '이동하기 위한 수단'이나 '그러한 수단을 제공하는 서비스' 등에 총칭해서 사용된다. 미래 모빌리티 서비스는 기존의 이동성을 넘어 ICT(정보통신기술) 융합을 통해 다양한 분야에서 삶의 편의성을 제공할 것이다.

    KAIST가 선정한 '2022 퓨처 모빌리티(FMOTY, Future Mobility of the Year awards)상'에 BMW의 'i비전 서큘러'와 현대자동차의 '트레일러 드론'이 각각 승용차와 상용차 부문에서 최고의 콘셉트카로 선정되었다. '퓨처 모빌리티상'은 세계 자동차 전시회에 출품된 콘셉트카 중에서 미래 사회에 유용한 교통 기술과 혁신적인 서비스 개념을 선보인 모델을 선정하여 시상한다. 승용차 부문 수상작인 BMW 'i비전 서큘러'는 차량의 모든 부품을 재활용 소재와 천연 소재로 설계한 친환경 콤팩트카이다. 천연고무로 타이어를 제작하고 폐차할 때 부품을 아주 쉽게 재활용할 수 있도록 설계해 미래형 친환경 자동차 콘셉트를 심도 있게 구현했다는 평을 받았다. 현대자동차의 '트레일러 드론'은 두 대의 무인차가 트레일러를 밀고 끌면서 운전자 없이도 항만에서 목적지까지 대규모 물류를 운송할 수 있는 친환경 자율주행 트럭이다. 친환경 수소연료전지와 완전 자율주행 기술을 함께 적용한 획기적인 물류 서비스의 청사진을 선보여 호평을 받았다.

포드, GM, 메르세데스-벤츠, 볼보, 재규어, 닛산 등 누구나 알 만한 대표적인 자동차 회사들이 가까운 미래에 내연 기관 자동차 생산을 중단하고 전기 자동차만 만들겠다고 발표했다. 철옹성과 같이 견고하던 내연 기관 기반의 자동차 산업에 변화가 시작된 것이다. 이러한 변화를 이끄는 힘은 과연 무엇일까?

자동차로 대변되는 내연 기관 산업의 변화는 온실가스로 주목받는 환경 문제와 결부되어 있다. 온실가스와 지구 온난화 문제는 더는 미룰 수 없는 중대한 시대적 과제가 되었다. 이에 발맞추어 미래 자동차는 빠르게 친환경 중심으로 변화하고 있다. '퓨처 모빌리티'가 추구하는 중심 키워드는 '친환경', '자율주행', '공유(연결)'이다.

인터넷과 인공지능의 발달이 가져오고 있는 생활 속 변화를 살펴보면 매우 놀랍다. 교통 수단 및 여러 체계의 변화, 다양한 스마트 모빌리티 기기의 등장은 개인에서 시작하여 가정, 사회, 도시의 모습을 변화시키고 있다. 이러한 변화의 중심에 IT 기술의 발전과 합쳐진 '모빌리티' 서비스가 있다. 비록 기존 사업이나 이해 관계와 상충하여 갈등을 겪고 있기도 하지만 이러한 성장통을 겪고 나면 우리의 삶을 더욱 풍요롭고 편리하게 만드는 서비스로 성장할 것이다. 아직 넘어야 할 과제가 많이 있다. 이 책은 이러한 '모빌리티' 서비스의 전개 과정과 더욱 발전할 미래 모습을 여러분에게 보여 줄 것이다.

편집부

74%

CONTENTS

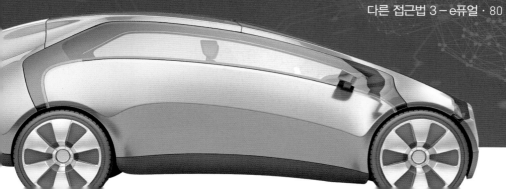

MOBILITY 03

미래 자동차는 자율주행으로 간다

MOBILITY 04

미래 자동차는 공유로 간다

들어가는 말

　필자가 어릴 때인 1970년대에 자동차는 부자만 가질 수 있는 물건이었습니다. 지금은 상상할 수 없는 일이지만, 집에 자동차가 있는지 없는지를 표시하는 설문 조사를 했던 기억이 납니다. 세월이 흘러 많은 사람이 자동차를 가질 수 있게 됐지만, 옛날이나 지금이나 여전히 자동차는 주요 재산 목록에 속합니다. 그래서 매년 자동차를 보유한 경우 자동차세를 납부해야 합니다.

　그런데 최근 들어 자동차의 의미가 바뀌고 있습니다. IT 기술의 발달로 스마트폰만 있으면 내가 원할 때, 원하는 장소에서, 원하는 차종을 선택해 사용할 수 있습니다. 과시의 수단으로 자동차를 소유하려는 사람은 앞으로도 여전히 있겠지만, 굳이 소유하지 않고 자동차를 이용하려는 사람이 점점 더 많아질 것이라 예상합니다. 예전에는 운전사가 곧 자동차 소유주였지만, 이제는 다를 수 있다는 뜻입니다.

　심지어 머지않은 미래에는 자동차 소유주도, 운전사도 없이 승객만 남게 될지 모릅니다. 자율주행 자동차가 등장하면 그동안 운전을 할 수 없는 어린아이, 고령층 모두가 버튼 한 번 눌러서 자동차를 집 앞까지 부르고 원하는 목적지까지 편히 쉬면서 이동할 수 있습니다. 이 과정에서 승객은 자동차 소유주가 누구인지, 또 누가 운전해 줄지를 알 필요가 전혀 없습니다.

　자동차 산업 내부적으로는 친환경 자동차로의 전환이 급격히 일어나고 있습니다. 배출 가스 규제로 인해 내연 기관 자동차의 입지는 줄어들고, 전기 자동차가 대세가 됐습니다. 이미 많은 자동차 제조사들이 전기 자동차에 '올인'하겠다는 미래 전략을 발표한 상태입니다. 한 세대가 지나기 전에 내연 기관 자동차는 박물관에서만 볼 수 있게 될지도 모릅니다.

　내연 기관 자동차가(가솔린 자동차) 세상에 나온 지 약 140여 년이나 됐지만, 의외로 거의 바뀌지 않은 발명품입니다. 그동안 수많은 사람과 수많은 기업이 개량에 개량을 거듭했음에도 성능이 좋아졌을 뿐 원형은 그대로 유지하고 있었습니다. 그랬던 자동차가 제4차 산업혁명 시대를 맞아 드디어 다른 어떤 산업보다도 빠르게 변화하고 있습니다.

이 책을 통해 자동차의 눈부신 변화의 움직임을 짚어 보고자 합니다. 자동차의 변화는 그냥 자동차 한 대가 바뀌는 것만으로 끝나지 않습니다. 석유 시설, 주유소, 도로 등 자동차를 둘러싼 모든 산업이 바뀌고, 결국 우리 생활과 사회가 송두리째 바뀌게 될 것입니다. 자동차를 둘러싸고 어떤 변화가 일어날지 살펴봅시다.

김정훈

MOBILITY 01

자동차에 일어난
세 가지 변화

약 140여 년 전 발명된 가솔린 자동차는 가장 오랜 시간 동안 개선을 거듭한 발명품 중 하나다. 자동차는 단순한 운송 수단이 아니다. 일반 가정에서 자동차는 주택 다음가는 고가품으로, 당대의 최신 기술이 가장 먼저 적용되는 제품이기도 하다. 기계 공학은 자동차 산업과 함께 발달했다고 해도 과언이 아니다.

또한 자동차 산업은 방대한 국가 기간산업들의 핵심이다. 석유 에너지를 사용하므로 이를 생산하고 운송하는 산업이 필요하고, 자동차가 달릴 도로를 깔기 위해 거대한 토목 산업이 뒤따른다. 자동차 산업의 변화라는 것은 이 모든 유관 산업이 함께 변화한다는 의미를 내포하고 있다.

자동차 생산 라인.

내연 기관이 140년 동안 바뀌지 않은 이유

1차 산업혁명 이후 가축이나 바람 같은 자연의 힘에 의지하던 산업이 기계의 힘을 의지하는 쪽으로 바뀌기 시작했다. 최초의 자동차는 0.8마력으로 말 한 마리가 내는 힘에도 미치지 못했지만, 지속적으로 개선되어 성능이 비약적으로 좋아졌다. 오늘날 스포츠카는 무려 수백 마력을 뿜어내니 자동차의 발전이 얼마나 빠르게 발전했는지 짐작할 수 있다.

최초의 현대식(가솔린) 자동차로 1885년 독일의 엔지니

어 카를 벤츠(Karl Benz)가 만든 '페이턴트 모터바겐(Patent Motorwagen)'을 꼽는다. 내연 기관을 엔진으로 사용했으며 세 바퀴였다. 이전까지 쓰던 증기기관은 동력을 만드는 원천이 엔진 바깥에 있기에 덩치가 매우 컸다. 기관차나 선박에 쓰기에는 적합하지만, 상대적으로 크기가 작은 자동차에 쓰기에는 너무 크고 무거워서 적합하지 않았다.

내연 기관은 쉽게 말해 내부에서 연료를 폭발시킬 때 발생하는 힘으로 움직이는 기관이다. 연료와 공기를 섞어서 분무기처럼 실린더 내부에 뿌린 뒤, 전기 불꽃을 튀기면 연료가 폭발한다. 이 폭발하는 힘이 피스톤을 밀어내는데 피스톤에 연결된 크랭크축이 직선 운동을 회전 운동으로 바꾼다. 모든 내연 기관 자동차는 이 원리로 바퀴를 굴려 달린다.

최초의 자동차가 나온 지 140여 년 가깝도록 자동차의 성능, 디자인, 편이성은 예전과 비교할 수 없을 정도로 좋아졌지만, 엔진의 기본 원리는 조금도 변하지 않았다. 140여 년 전 발명된 내연 기관이 너무나 훌륭해서 이보다 더 좋은 방법을 찾아내지 못한 것일까? 사실 그렇지는 않다.

'자동차'라는 물건을 제대로 사용하려면 꽤 복잡한 기반이 필요하다. 내연 기관은 반드시 석유 연료가 있어야 하므로 정기적으로 연료를 채울 수 있어야 한다. 즉, 나라의 구석구석에 빠짐없이 주유소를 설치해야만 자동차를 움직일 수 있다. 다음으로는 주유소에서 공급할 연료를 만들어야 한다. 원재료인 석유를 끓는점에 따라 가솔린, 등유, 경유 등으로 분리하는 작업을 '정유'

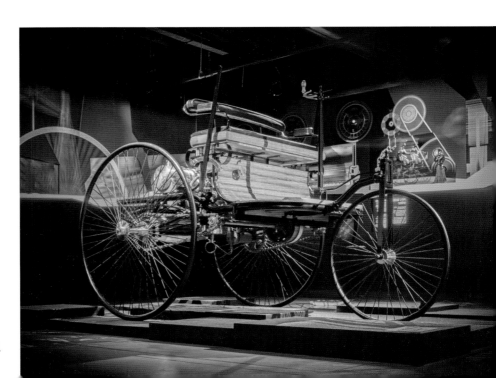

페이턴트 모터바겐.

라고 부르는데, 거대한 석유 화학 시설이 필요하다.

　석유는 보통 땅속 깊은 곳에 파묻혀 있다. 먼저 석유가 매장된 곳을 찾은 뒤 매장량과 개발 난이도를 분석해 유전을 세울지 말지를 결정한다. 석유를 뽑아내려면 단단하고 기다란 관을 땅속에 박아 넣고 펌프를 가동한다. 만약 찾은 곳이 바다 위라면 일반 장비로는 불가능하니 시추선이라는 특수한 배를 동원해야 한다.

　다양한 운송 수단도 필요하다. 뽑아낸 석유를 대량으로 정유 시설까지 운송하거나, 또 정유를 통해 만들어 낸 연료를 각 주유소까지 운송해야 한다. 보통 유조선이나 유조차를 생각하겠지만, 송유관을 이용하는 방법이 가장 효율적이다. 우리나라만 해도 총연장 1,081km의 송유관이 4개 정유사와 전국을 연결하고 있다. 어떤 방법이든 큰

석유를 추출하는 모습.

고속도로.

비용이 든다.

자동차가 달릴 도로도 필요하다. 많은 사람이 우리나라 경제 성장의 상징적 사건으로 1970년에 전 구간 개통한 경부고속도로를 꼽는다. 당시 우리나라의 경제 수준으로 불가능하다고 여겼던 일이라 '한강의 기적'이라고 표현하기도 하고, 대표 도시인 서울과 부산을 연결했다는 점에서 '국토의 대동맥'이라고 표현하기도 한다.

도로의 개통은 자동차가 다닐 수 있는 길이 만들어졌다는 의미 이상이다. 이후 우리나라의 주요 도시 발달이 경부고속도로 주변으로 이뤄진 것을 보면 쉽게 짐작할 수 있다. 인류 역사를 보면 대부분 도시는 강을 끼고 발달하였고, 주변의 다른 도시와 도로로 연결된다. 자동차는 이 도로를 구성하는 핵심 요소인 것이다.

이같이 자동차 산업은 단순히 차 한 대를 만드는 것으로 완성되지 않는다. 앞서 설명한 이 모든 기반을 빠짐없이 갖춰야 '자동차'라는 물건을 제대로 사용할 수 있다. 지금까지 이를 구축하기 위해 엄청난 시간과 자원을 이미 투입했고, 이들 산업에 종사하는 사람의 수는 억 단위에 이른다. 만약 내연 기관보다 뛰어난 엔진이 발명됐다고 해서, 오랜 시간 쌓아 온 기반과 일자리를 무시한 채 쉽게 바꿀 수 있을까? 그건 불가능까지는 아니라도 쉽지 않은 일이다.

외적 변화:
친환경 자동차

그런데 최근 포드, GM, 메르세데스-벤츠, 볼보, 재규어, 닛산 등 누구나 알 만한 대표적인 자동차 회사들이 가까운 미래에 내연 기관 자동차 생산을 중단하고 전기 자동차만 만들겠다고 발표했다. 철옹성과 같이 견고하던 내연 기관 기반의 자동차 산업에 변화가 시작된 것이다. 보통 변화는 현재 상태를 그냥 유지할 때 얻는 이득보다 클 때 일어난다. 내연 기관 기반의 자동차 산업이 변화하도록 이끄는 힘은 과연 무엇일까?

가장 큰 힘은 온실가스로 대표되는 환경 문제다. 온실가스 문제는 이제 더 이상 캠페인의 차원에 그치지 않는다. 우리나라의 예를 들어 보자. 2021년 2월 정부는 자동차 온실가스 기준을 발표해 국내외 자동차 기업을 관리하고 있다. 10인 이하 자동차의 경우, 2021년에는 자동차가 1km를 달리는데 97g의 온실가스 배출까지 허용하지만, 2025년까지 89g/km, 2030년까지 70g/km 수준으로 낮춰야 한다. 만약 자동차 기업이 이를 달성하지 못하면 과징금을 물어야 한다.

현대 코나 (전기차)	기아 니로 (전기차)
0g/km	0g/km
기아 쏘울 (전기차)	현대 아이오닉 (전기차)
0g/km	0g/km
포르쉐 파나메라 4E (PHEV)	현대 아반떼 (HEV)
73g/km	74g/km
폭스바겐 아테온	쌍용 티볼리
125g/km	130g/km
현대 팰리세이드	아우디 A5
167g/km	169g/km

자동차 평균 온실가스 차기 기준(2021~2030년)

(단위: g/km)

분류 \ 연도	'21	'22	'23	'24	'25	'26	'27	'28	'29	'30
10인 이하 승용·승합	97	97	95	92	89	86	83	80	75	70
승합(11~15인) 소형 화물	166	166	164	161	158	158	155	152	149	146

© 환경부

10인승 이하 승용 및 승합차 온실가스 배출량

ⓒ 환경부

한국GM 볼트 (전기차)	르노삼성 ZOE (전기차)	테슬라 Model 3 (전기차)	현대 넥쏘 (수소전기차)	푸조 E-2008 (전기차)	벤츠 EQC (전기차)	아우디 E-트론 (전기차)	재규어 I-PACE (전기차)
0g/km	0g/km	0g/km	0g/km	0g/km	0g/km	0g/km	0g/km
BMW i3 (전기차)	도요타 프리우스 (PHEV)	기아 니로 (PHEV)	BMW xDrive 45e (PHEV)	벤츠 E300e (PHEV)	볼보 XC60 (PHEV)	현대 아이오닉 (HEV)	포드 익스플로러 (PHEV)
0g/km	23g/km	26g/km	43g/km	49g/km	67g/km	69g/km	70g/km
혼다 어코드 (HEV)	기아 K5 (HEV)	현대 그랜저 (HEV)	링컨 MKZ (HEV)	르노삼성 QM3	현대 아반떼	한국지엠 스파크	BMW 미니쿠퍼
82g/km	83g/km	97g/km	97g/km	106g/km	106g/km	108g/km	109g/km
벤츠 E220d	푸조 3008i	쌍용 코란도	르노삼성 QM6	현대 그랜저	BMW 520i	랜드로버 디스커버리	FCA 지프 레니게이드
134g/km	135g/km	143g/km	150g/km	150g/km	153g/km	159g/km	164g/km
볼보 XC90	벤츠 GLC300	포드 익스플로러	FCA 지프 랭글러	한국지엠 트래버스	마세라티 콰트로 포르테	포르쉐 카이엔	캐딜락 에스컬레이드
176g/km	180g/km	189g/km	193g/km	211g/km	226g/km	234g/km	259g/km

11~15인 승합 및 소형 화물차 온실가스 배출량

현대 포터 (전기차)	기아 봉고 (전기차)	기아 카니발 (11인)	쌍용 렉스턴 스포츠	현대 스타렉스 (12인)	한국지엠 콜로라도	현대 포터 (디젤)
0g/km	0g/km	189g/km	199g/km	203g/km	215g/km	220g/km

현재 우리나라에서 유통되는 자동차 별로 온실가스 배출을 조사했다. 배기량이 큰 자동차들이 온실가스를 많이 배출한다. 앞으로는 이런 고급 자동차를 판매하려면 친환경 자동차 판매 실적이 필수다.

기업의 일부 자동차가 기준을 달성하지 못했더라도, 기준을 초과 달성한 자동차가 있으면 그만큼 실적을 인정받아 상쇄된다. 즉, 기업의 평균이 기준을 달성하면 문제가 없다고 이해하면 된다. 심지어 실적이 기준을 초과하면 실적이 부족한 다른 자동차 기업에 판매할 수도 있다. 좁은 의미의 '탄소 배출권' 거래라고 할 수 있다.

여기에서 온실가스를 전혀 배출하지 않는 전기 자동차, 수소 자동차 같은 친환경 자동차의 진가가 드러난다. 이들 차량은 온실가스를 전혀 배출하지 않으므로, 실적을 많이 만들 수 있다. 이 실적을 바탕으로 온실가스를 많이 발생시키지만 이윤이 높은 고급 자동차를 더 만들거나, 초과한 실적을 타 기업에 판매해 수익을 낼 수 있다. 자동차 기업들이 친환경 자동차를 만들고 보급하기 위해 심혈을 기울이는 이유가 여기에 있다.

내연 기관 자동차가 친환경 자동차로 서서히 전환되면, 앞서 언급한 내연 기관 자동차와 연관된 모든 산업이 순차적으로 변화할 것이다. 먼저 주유소는 전기 자동차 보급률에 비례해서 급속 충전소로 서서히 대체된다. 값싸고 용량이 큰 배터리를 개발하기 위한 제조업, 배터리의 원료인 리튬 등을 생산

우리나라보다 더 강력한 EU의 온실가스 규제

EU는 가장 먼저 온실가스(GHGs) 배출 목표 수치를 정하고 달성하지 못했을 때 벌금을 부과하고 있다. 2018년 12월 합의해 발표한 배출 규제 목표에 따르면, 2021년부터 온실가스 배출량이 95g/km를 초과해서는 안 된다. 이는 우리나라의 97g/km보다 더 강화된 기준이다.

이후 규제는 더욱 강력한데, 2025년에는 2021년보다 15%를 더 감축해야 하고, 2030년에는 2021년보다 37.5%를 더 감축해야 한다. 이를 계산하면 2025년 80.75g/km, 2030년 59.375g/km로 우리나라 기준보다 훨씬 더 까다롭다. 이런 조건 때문에 유럽에 진출하고자 하는 자동차 기업은 친환경 자동차를 필수적으로 만들고 보급해야 한다.

미국은 어떨까? 미국은 현재 중국과 함께 가장 많은 온실가스를 배출하는 국가로, 환경 문제에 가장 큰 책임이 있다고 말할 수 있다. 그러나 2001년 온실가스 감축을 위한 국제 협약인 '교토 의정서'를 탈퇴한데 이어, 2019년에는 '파리 협정'까지 탈퇴한다고 통보하여 빈축을 샀다. 그러나 다행스럽게도 2021년 4월 바이든 미국 대통령은 앞으로 2030년까지 2005년 수준에서 50%를 감축하고, 2050년까지 완전한 탄소중립을 달성하겠다는 계획을 발표해 주변 국가들을 안심시켰다.

하는 산업이 발전할 것이다. 또한 전기는 특성상 수요에 맞춰 실시간으로 생산을 조절해야 하므로, 전기 생산을 정교하게 관리하는 다양한 솔루션 산업이 발전할 것이다.

그러나 정유 시설이나 운송 시설은 여전히 비슷한 수준으로 유지돼야 한다. 아직 선박이나 공장 등에 쓰는 초대형 엔진은 내연 기관 기반이고, 상당 기간 바뀌지 않을 전망이므로 석유 연료가 필요하다. 또 우리가 플라스틱이라고 부르는 석유 화합물은 인류가 가장 많이 쓰는 원재료이며, 이를 대체할 수단은 현재까지 거의 없어 보인다. 다만 석유 사업 전반의 위상은 서서히 줄어들 것으로 전망된다.

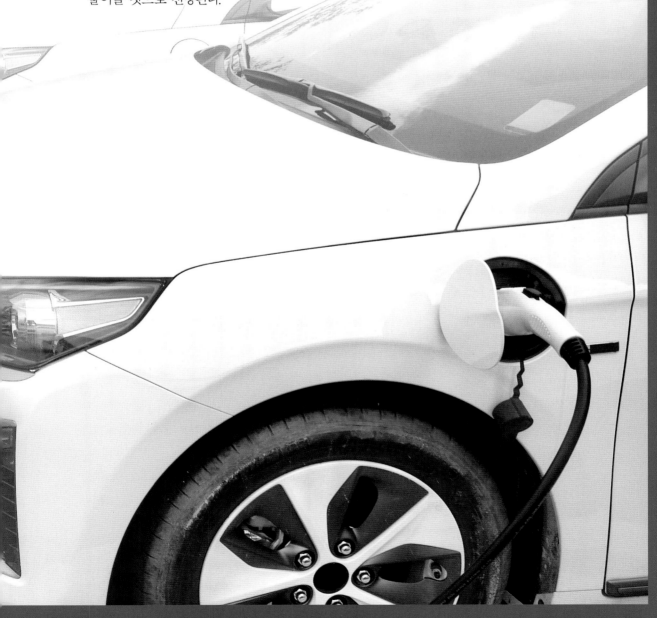

내적 변화:
자율주행 자동차

내연 기관 자동차가 친환경 자동차로 변하는 것이 '외적 변화'라면, 자동차가 존재하는 이유의 근본을 뒤흔드는 '내적 변화'도 함께 일어나고 있다. 대다수를 차지하는 일반인에게는 엔진이 바뀌는 외적 변화보다 이 내적 변화가 더 중요하게 느껴질지 모른다.

이 변화를 일으키고 있는 장본인은 바로 인공지능이다. 예전에도 컴퓨터와 인터넷의 발명은 모든 산업을 엄청나게 변화시켰지만, 인공지능이 일으키고 있는 변화는 이와 완전히 다른 차원이다. 예전에는 컴퓨터의 영역과 사람의 영역이 분명히 나뉘어 있었고, 이 경계선을 기준

으로 사람의 영역은 곧 일자리였다.

　그런데 인공지능의 성능이 특정 수준 이상으로 올라서자, 둘 사이를 견고하게 가로막았던 경계선이 희미해져 버렸다. 쉽게 말해 사람의 역할이라 굳게 믿었던 영역까지 인공지능이 대신하게 된 것이다. 현재 인공지능은 내시경 사진, 흉부 X선 사진, CT와 MRI 사진을 보고 의사보다 더 정확하게 암을 발견해낸다. 수초 내에 근로계약서에서 불평등 조항을 짚어 내어, 수십 분이 넘게 걸리는 인간 변호사를 무색하게 만든다. 증권가에서 활약하는 인공지능은 전문 애널리스트를 능가하는 수익률을 달성하고 있다. 이처럼 현존하는 모든 직업에 인공지능이 침투하고 있다.

　자동차 분야에서도 여러 직업군이 영향을 받을 것으로 예상한다. 첫 번째 직업은 운전사다. 앞으로 인공지능으로 운전하는 자율주행 자동차는 모든 인간 운전사를 서서히 대체해 나갈 것이다. 사람을 실어 나르는 승용차, 버스 등은 물론이고, 화물을 실어 나르는 화물차까지 인간 운전사 없이 달릴 날이 머지않았다. 초기에는 자율주행 자동차가 제대로 운전하는지 감시하고 만약 사고가 났을 때 책임을 지도록 하는 역할로 인간 운전자가 탑승할 수 있겠지만, 서서히 곧 기술의 발달과 함께 이마저도 없어질 것이다.

　자동차 손해 보상과 연관된 직업도 이에 해당한다. 자동차 사고가 일어나면 소송이 제기된 경우에는 법원, 제

기되지 않은 경우는 손해보험협회가 나서서 누구의 잘못이 더 큰지를 판단하는데, 합의에 이르기까지 많은 시간과 비용이 든다. 인공지능이 이 판단에 도움을 줄 수 있다. 2019년 12월 광주과학 기술원 이용구 교수팀은 인공지능을 활용해 교통사고 과실을 평가하는 시스템을 고안했다. 블랙박스에 찍힌 영상을 분석해 과실 비율을 실시간으로 측정하므로, 합의에 이르는 시간과 비용을 단축해 준다.

그러나 장기적으로는 자동차 사고와 분쟁 자체가 줄어들 것이다. 인공지능 자율주행 자동차가 전체에서 다수를 차지할 정도로 보편화된다면 운전자가 없기에 분쟁의 주체가 절반으로 줄어든다. 게다가 결정적으로 자율주행차는 인간 운전자보다 사고를 훨씬 덜 일으킨다. 아직은 특정 지역에서만이라는 단서가 붙지만, 자율주행 자동차는 이미 인간이 운전하는 자동차보다 더 안전하다. 가까운 미래에는 오히려 '인간이 운전하는 것은 위험하니 금지해야 한다.'라는 여론이 형성될지도 모른다.

또 자율주행 자동차는 누구나 더 편리하고 빠르게 이동할 수 있게 해 준다. 운전 못 하는 어린아이나 노인도 아무런 도움을 받지 않고 어디든 맘대로 갈 수 있다. 도로 위 차량을 종합적으로 통제하므로 도로의 막힘 현상은 현저히 줄어들어 더 빨리 이동할 수 있다. 도착지를 입력하고 나면 이동하는 동안 사람은 아무것도 할 필요가 없으니, 이 시간을 활용해 차 안에서 다양한 활동을 할 수 있다. 자동차는 또 다른 거주 공간으로 기능하게 될 것이다.

인공지능은 자동차의 개념을 지금과는 완전히 다르게 바꿔 놓을 것이다. 자동차는 말 그대로 '자동으로 움직이는 차'의 뜻이었다. 영어의 '오토모빌automobile'도 같은 의미다. 지금까지는 단어와 달리 절반 정도만 자동이었다면, 인공지능의 거듭된 발전으로 앞으로는 진정한 의미의 '자동차'를 구현할 수 있게 됐다.

서비스의 변화 :
공유 자동차

자동차를 기반으로 하는 서비스도 변화하고 있다. 앞선 친환경 자동차, 자율주행 자동차는 기술적으로 아직 미완성 상태이거나, 사회적 합의가 필요해 현실 세계에 적용하려면 시간이 더 필요하다. 그렇지만 네트워크를 기반으로 자동차와 사람, 사물, 장소, 정보 등의 모든 것을 연결하는 서비스는 이미 시작되었다.

개별 자동차로 보자면 '커넥티트카'의 등장이다.

커넥티트카는 자동차를 '달리는 스마트 디바이스'로 인식하는 개념이다. 이미 자동차를 만드는 전체 비용에서 전장 부품(자동차에 쓰이는 전기 장치 부품)이 차지하는 비율은 50%에 육박하고 있다. 내연 기관 자동차가 친환경 전기 자동차로 바뀌면 이 비율은 더 늘어날 것이다.

전장 부품은 각종 안전과 편의 기능을 제공하는 센서와 출력 장치를 구현하기 위한 것이다. 면면을 들여다보면 스마트폰을 훨씬 능가한다. 이러한 자동차가 초고속 인터넷으로 외부와 다양한 방법으로 연결되면 수많은 서비스를 만들어 낼 수 있다.

자동차 산업 측면에서 보면, '모빌리티 서비스'의 등장이다. 예전에는 자동차를 만드는 산업과 이를 활용하는 산업이 분리돼 있었지만, IT 기술의 발전으로 이 둘이 합쳐진 서비스가 등장하고 있어 이를 모빌리티라는 단어로 설명한다. 대표적으로 전화를 걸어 불렀던 콜택시는 앱을 열어 손쉽게 부른다. 우리는 이를 카카오 택시, 우버 등의 이름으로 부르고 있다.

인공지능 기술로 모빌리티 서비스는 매우 정교하게 발전하고 있다. 아주 짧은 시간 동안 자동차를 빌렸다가 처음 빌린 장소가 아니라 다른 곳에 반납하는 일도 가능하다. 자동차로 가기에는 짧고 걸어가기에는 먼 거리를 전동 킥보드나 전동 자전거로 이동할 수 있도록 돕기도 한다. 대중교통을 포함한

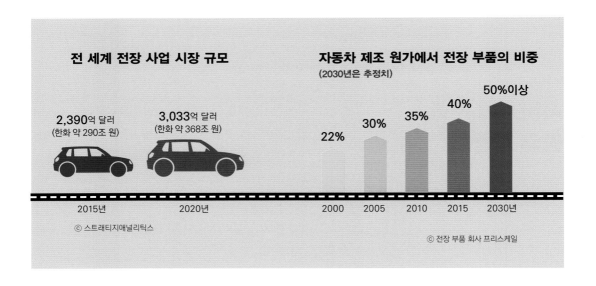

전 세계 전장 사업 시장 규모

2,390억 달러
(한화 약 290조 원)

3,033억 달러
(한화 약 368조 원)

2015년   2020년

ⓒ 스트래티지애널리틱스

자동차 제조 원가에서 전장 부품의 비중
(2030년은 추정치)

22%   30%   35%   40%   50%이상

2000   2005   2010   2015   2030년

ⓒ 전장 부품 회사 프리스케일

모든 이동 수단을 통합해서 제시하는 핀란드의 '휨(Whim)'과 같은 서비스도 계속해서 발전하고 있다.

앞으로 자동차는 개인 소유의 개념에서 공유의 개념으로 바뀔 것이다. 물론 일부는 여전히 자동차를 소유하려 하겠지만, 굳이 소유하지 않아도 자동차를 가진 것처럼 편리한 세상이 된다는 의미이다.

친환경 자동차가 가져오는 온실가스 배출 감소, 인공지능 자동차가 가져오는 안전하고 편리한 운송, 공유 자동차가 가져오는 교통의 혁신, 이 세 가지 요인이 만드는 이득이 기존 자동차 산업을 유지할 때 얻는 이득을 능가하기 시작했다. 그리고 힘들게 굴러가기 시작했지만, 한 번 굴러가기 시작한 이 바퀴를 멈출 수 있는 건 거의 없어 보인다. 미래 자동차는 '친환경으로 더 깨끗하고, 자율주행으로 더 편리하며, 서로 공유하고 조화롭게 연결하는 자동차'로 계속 나아가고 있다.

미래 자동차는
친환경으로 간다

자동차가 변하고 있는 이유는 내연 기관 자동차가 내뿜는 온실가스 문제 때문이다. 온실가스와 지구 온난화 문제는 더는 미룰 수 없는 시대의 과제가 됐다. 어느 한 나라만 노력한다고 해결되지 않고 전 지구적인 협력과 노력이 필요하다. 사실 전체 온실가스 배출량 중 자동차와 같은 운송 수단이 차지하는 비율은 약 14%로, 절대다수라고 말할 정도는 아니다. 하지만 자동차가 주는 상징적 의미가 커서 유럽연합(EU)을 중심으로 강력한 제재를 펼치고 있다. 우리나라 산업통상자원부는 2030년까지 내수 판매의 신차 3대 중에서 1대는 친환경 자동차가 될 것이라고 전망했다. 현재 신차 중에서 친환경 자동차가 차지하는 비율은 2020년 말 기준 11.8%인데, 10년 내 이를 30% 이상으로 늘리겠다는 계획이다. 정부의 이 같은 움직임은 친환경 자동차가 중요한 미래 먹거리 중 하나라는 판단 때문이다. 미래 자동차는 이미 친환경 중심으로 빠르게 변하고 있다.

온실가스
감축을 위한
범지구적 노력

환경 문제는 오랜 시간에 걸쳐 천천히 일어난다. 환경을 파괴하는 어떤 원인이 계속 누적된다면 이에 따르는 결과는 당장 나타나지 않고 매우 한참 뒤에 나타난다. 문제의 심각성을 깨닫고 그때서야 부랴부랴 원인을 제거하지만, 문제는 단기간에 해결되지 않는다. 역시 오랜 시간이 지난 뒤에야 성과가 나타나기 때문이다. 따라서 미리미리 대처하는 것만이 환경 문제의 유일한 해결책이다.

게다가 몇몇 국가가 애쓴다고 해결되는 문제도 아니다. 지구촌을 나눠 쓰고 있는 모든 국가가 함께 노력해야 한다. 환경 문제에서 가장 중요한 주제는 온실가스 감축이다. 범지구적 환경 문제를 대처하기 위해 설립한 '기후 변화에 관한 정부 간 협의체(IPCC)'는 여기에 중추적인 역할을 하고 있다.

1990년 내놓은 제1차 평가 보고서에서 지구 온난화 문제에 대처하기 위해 온실가스를 감축하라고 권고했는데, 이는 2년 뒤인 1992년 유엔기후변화협약(UNFCCC)에 채택되어 실행력을 갖게 됐다. 이어서 1995년 발표한 제2차 평가 보고서 역시 2년 뒤인 1997년, 교토 의정서에 채택됐다. 교토 의정서는 환경 문제에서 중요한 의미를 가진 협약이다.

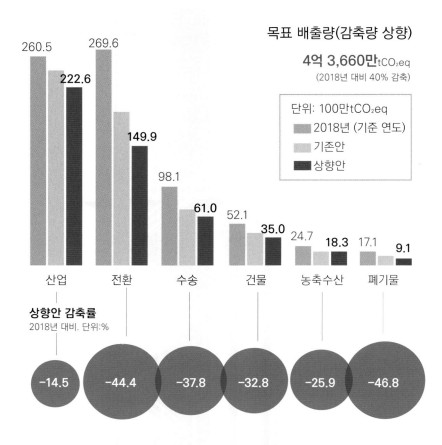

2030 온실가스 배출량 목표

목표 배출량(감축량 상향)

4억 3,660만tCO₂eq
(2018년 대비 40% 감축)

단위: 100만tCO₂eq
- 2018년 (기준 연도)
- 기존안
- 상향안

260.5 269.6

222.6

149.9

98.1

61.0

52.1

35.0

24.7 18.3

17.1 9.1

산업　전환　수송　건물　농축수산　폐기물

상향안 감축률
2018년 대비. 단위:%

-14.5　-44.4　-37.8　-32.8　-25.9　-46.8

＊기준 연도 2018년 배출량은 총배출량.
　2030년 배출량은 순배출량(총배출량−흡수·제거량)

ⓒ 연합뉴스

교토 의정서는 온실가스 6종류의 감소 목표를 구체적으로 명시하고 있다. 2008년부터 2012년까지 선진국 전체의 온실가스 배출량을 1990년 수준보다 적어도 평균 5.2% 감축할 것을 목표로 한다. 예를 들어 1990년 100만큼을 배출했다면, 2008년부터 2012년까지 5년간 배출할 수 있는 한도는 100×5년×94.8%가 된다. 나라마다 감축 비율은 모두 다르다.

사실 선진국의 경우, 국내 산업을 혁신하는 것만으로 이 목표를 달성하는 게 쉽지 않다. 그래서 등장한 개념이 공동이행제도, 청정개발체제, 배출권거래제 등이다. 선진국이 개발도상국에 투자해서 온실가스를 줄였다면, 이를 선진국의 실적으로 인정하겠다는 개념이다. 또한 온실가스를 많이 감축한 나라에 비용을 지불하고 실적을 구매하는 방식도 가능하다.

교토 의정서는 구체적인 행동 기준을 제시했다는 점에서는 높이 평가할 만하지만, 이후 여러 국가의 비협조로 실효를 거두지는 못했다. 대표적인 사건이 미국의 불참 선언이다. 또한 2012년 이후 새로운 공약 기간에는 일본, 러시아, 캐나다, 뉴질랜드 등이 추가로 불참을 선언했다. 이로써 참여국 전체의 온실가스 배출량이 전 세계 배출량의 15%에 불과하게 돼 유명무실한 협약이 되고 말았다. 아무리 올바른 일이라도 복잡하게 얽힌 이해관계를 극복하고 국가 단위의 참여를 유도하는 일은 이렇게나 어렵다.

현재는 2015년 채택된 파리 협정에 따라 환경 문제를 다루고 있다. 교토 의정서보다 유연한 규정에 선진국뿐만이 아니라 모든 국가가 동참할 것을 권고한다. 모든 국가는 스스로 결정한 온실가스 감축 목표를 5년 단위로 제출하고 이를 이행하는 것을 골자로 하고 있다. 결국 나라마다 다른 온실가스 감축 능력 차이를 인정하겠다는 취지다.

우리나라의 온실가스 감축
교토 의정서가 채택될 당시, 우리나라는 협정 이행 대상 국가에 속하지 않았다. 다만 국제 사회에서 차지하는 위상이 높아짐에 따라 환경 문제에 관한 책임감 있는 자세가 필요하다. 우리나라 정부는 "온실가스 감축을 부담이 아닌 기회라고 인식하고 자발적으로 목표를 마련해 이행할 것"이라고 밝혔다. 국제 사회의 기후 변화 대응 노력에 동참하기 위해 우리나라는 2016년 파리 협정의 국내 비준 절차를 완료하고, 유엔(UN)에 비준서를 기탁했다. 이로써 우리나라도 온실가스 감축에 공식적으로 참여하게 된 것이다.

대표 온실가스
6가지

교토 의정서가 지정한 대표 온실가스는 이산화탄소(CO_2), 메테인(CH_4), 아산화질소(N_2O), 과불화탄소(PFCs), 수소불화탄소(HFCs), 육불화황(SF_6) 6종류다. 과학자들은 이들을 산업혁명 이후 대기 온도를 높인 주원인으로 지목하고 있다. 교토 의정서는 왜 이들 6개 기체를 대표 온실가스로 지정했을까? 그 전에 온실가스는 왜 문제일까?

태양에서 나온 빛이 지구에 도달하면 이중 절반은 지구의 대기에 반사되고, 나머지 절반이 대기를 통과해서 지구에 에너지를 전달한다. 지구가 흡수한 에너지는 적외선 형태로 다시 배출되는데, 온실가스는 적외선을 흡수하는 성질이 있어서 에너지 일부를 머금고 있게 된다. 온실가스가 일으키는 이런 현상을 온실 효과라고 부르는데, 사실 이 온실 효과 덕분에 지구는 온화한 기후를 유지할 수 있다. 만약 온실가스가 없다면 지구는 화성처럼 밤이 되면 영하 100℃로 떨어져 생명이 살 수 없는 행성이 됐을 것이다. 그러니 온실가스는 지구에서 생명이 살 수 있게 해 주는 필수적인 존재다.

문제는 온실가스의 농도가 적정 수준보다 너무 높을 때다. 배출하지 않고 머금고 있는 에너지가 많아지므로 지구의 전체 기온이 높아진다. 극단적인 예로, 대기의 구성 성분 대부분이 이산화탄소인 금성의 표면 온도는 470℃까지 치솟는다. 금성이 지구와 여러 면에서 비슷함에도, 환경이 다른 이유는 바로 온실가스인 이산화탄소 때문이다. IPCC는 현재 지구 평균 온도가 산업화 이전보다 1.1도 상승했으며, 현재 온실가스 배출을 유지한다면 1.5도 상승하는 시기는 2021~2040년 사이가 될 것으로 예측했다. 이는 기존 보고서보다 10년 정도 앞당겨진 것이다. 1.5도는 기후 위기를 막는 마지노선으로 간주된다. 지구 평균 온도가 1.5도 증가하면 여러 자연재해가 예상되는데, 예를 들어 극한 기온 발생 빈도는 8.6배, 가뭄 빈도는 2.4배 증가한다.

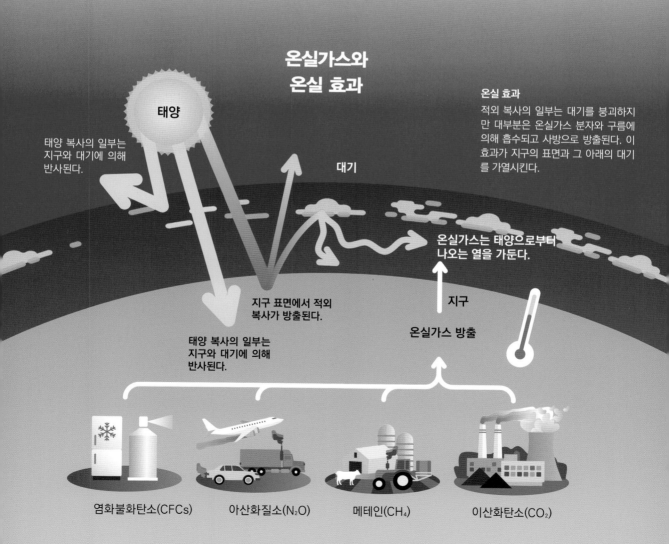

**온실가스와
온실 효과**

온실 효과
적외 복사의 일부는 대기를 붕괴하지만 대부분은 온실가스 분자와 구름에 의해 흡수되고 사방으로 방출된다. 이 효과가 지구의 표면과 그 아래의 대기를 가열시킨다.

태양

태양 복사의 일부는 지구와 대기에 의해 반사된다.

대기

온실가스는 태양으로부터 나오는 열을 가둔다.

지구 표면에서 적외 복사가 방출된다.

지구

온실가스 방출

태양 복사의 일부는 지구와 대기에 의해 반사된다.

염화불화탄소(CFCs)   아산화질소(N_2O)   메테인(CH_4)   이산화탄소(CO_2)

이산화탄소는 다른 온실가스에 비해 온실 효과가 크지 않지만 배출하는 양이 전체 온실가스 배출량의 85% 이상을 차지할 정도로 많아서 문제다. 메테인이 차지하는 비율은 5% 정도에 불과하지만, 이산화탄소의 21배에 달하는 온실 효과를 낸다. 주로 축산업에서 많이 발생해서 에스토니아에서는 2009년부터 축산 농가에 일명 '방귀세'를 부과하기 시작했다. 우스갯소리로 들리겠지만, 축산업에서 배출되는 온실가스의 양은 상상외로 크다. 소 한 마리가 배출하는 온실가스의 양은 자동차 한 대보다 많다. 환경주의자들이 육류 소비를 줄여야 한다고 주장하는 근거가 여기에 있다.

아산화질소와 불소계 온실가스들의 배출양은 상대적으로 적지만 온실 효과가 어마어마하다. 이산화탄소에 비해 적게는 수천 배에서 최대 수만 배의 온실 효과를 낸다. 이들은 주로 전자제품 제조에 사용되는데, 쓰지 않을 수 있다면 쓰지 않는 것이 좋고, 꼭 써야 한다면 매우 조심스럽게 관리해서 공기 중에 배출되지 않도록 관리해야 한다.

온실가스 배출량을 산정할 때는 각 온실가스의 온실 효과 지수를 반영해서 이산화탄소 배출량으로 환산한다. 이산화탄소가 온실가스를 대표하므로, 하나의 지수로 통일하자는 의도다. 실제로는 이산화탄소만 신경쓰는 것이 아니라, 모든 온실가스를 절감하도록 노력하고 있다.

세계 기온 변화 및 온실가스 농도 추이　　　　ⓒ 미국기상학회(AMS), 미 국립해양대기국(NOAA)

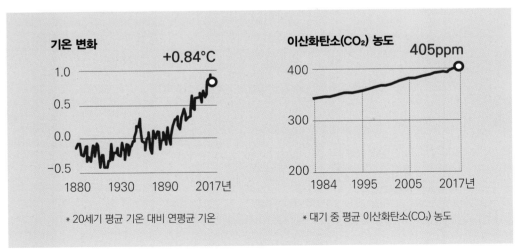

* 이산화탄소를 비롯한 온실가스의 농도와 기온의 상관관계는 명백하다.

지구 평균 기온 상승 시나리오별 기후 변화

기준: 1850년~1900년 대비

© IPCC AR6 제1 실무그룹 보고서

지구 평균 기온	현재(+1.1°C)	+1.5°C	+2°C	+4°C
최고 기온	+1.2°C	+1.9°C	+2.6°C	+5.1°C
극한 기온 발생 빈도	4.8배	8.6배	13.9배	39.2배
가뭄	2배	2.4배	3.1배	5.1배
강수량	1.3배	1.5배	1.8배	2.8배
강설량	−1%	−5%	−9%	−25%
태풍 강도		+10%	+13%	+30%

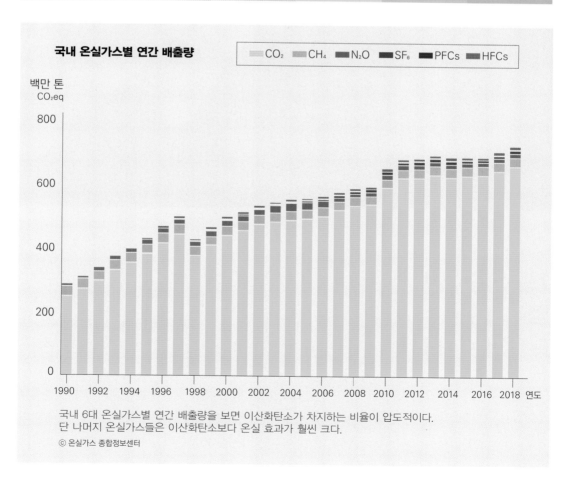

국내 온실가스별 연간 배출량 CO_2 CH_4 N_2O SF_6 PFCs HFCs

백만 톤 CO_2eq

국내 6대 온실가스별 연간 배출량을 보면 이산화탄소가 차지하는 비율이 압도적이다.
단 나머지 온실가스들은 이산화탄소보다 온실 효과가 훨씬 크다.
© 온실가스 종합정보센터

규제
REGULATION

자동차 규제가
엄격하게
느껴지는 이유

산업별로 온실가스 배출을 파악하면, 전기를 생산하는 발전이 25%로 가장 높고, AFOLU가 24%, 산업이 21% 로 뒤를 잇는다. 여기에서 AFOLU(Agriculture Forestry Other Land Use)는 농축산업과 숲을 없애거나 조성해서 증감하는 온실가스를 종합한 수치다(숲을 잘 조성한다면 음수가 나올 수도 있음). 그런데 발전으로 만든 전기는 결국 다른 분야에서 사용하므로, 간접 배출까지 합치면 산업 분야가 가장 많은 온실가스를 배출한다고 말할 수 있다. 우리나라의 경우 제철, 시멘트, 석유 화학, 플라스틱 제조, 제지, 알루미늄 이 6개 산업에서 발생하는 온실가스가 전체 산업 분야의 67%를 차지한다. 그러므로 온실가스 문제를 해결하려면 근본적으로 산업 분야를 개선해야 한다.

온실가스 배출에서 운송 분야가 차지하는 비율은 약 14%이다. 적다고 할 수는 없으나 산업 분야에 비하면 절반에도 미치지 않는다. 게다가 여기에서 비행기, 선박 등을 제외하고, 또한 개인이 타고 다니는 자동차로만 한정한다면 더 작은 비율이 나올 것이다. 그런데 왜 자동차 산업만 철저하게 규제하는 것처럼 느껴지는 것일까?

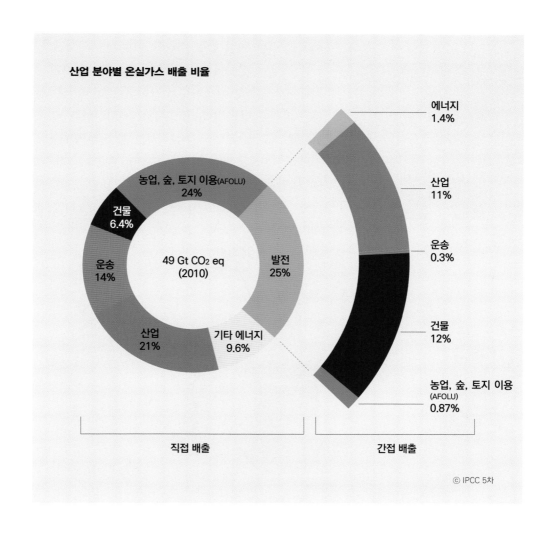

© IPCC 5차

그건 자동차 산업이 다른 산업보다 최신 환경 기술을 적용하기 쉽기 때문이다. 발전소나 대규모 생산 설비는 한 번 만드는 데 큰 비용이 들고 보통 수십 년을 운영한다. 이미 설치된 대규모 설비를 걷어 내고 온실가스를 적게 발생시키는 새로운 설비를 설치하기란 쉽지 않다. 무엇보다 '온실가스를 적게 발생시키는 신기술'은 아직 세상에 등장하지 않았을 가능성이 높다. 기업의 입장에서 생각해 보면, 온실가스를 발생시켜서 지불해야 하는 비용보다 새로운 설비 투자 비용이 높다면 이를 선택하지 않을 것이다.

이에 비해 자동차 사업은 상대적으로 유연하다. 자동차 제조사는 매년 여러 종의 신차를 내놓으며, 이때마다 생산 라인을 새롭게 변화시킨다. 물론 내연 기관 기반의 자동차를 만들다가 친환경 자동차를 만드는 건 단순히 신차를 내놓는 것과 차원이 다른 변화다. 그래도 다른 산업과 비교할 때 유연하게 대응할 수 있는 수준이라고 말할 수 있다.

게다가 친환경 자동차 기술은 이미 옛날부터 확보하고 있었다. 영국의 물리학자 마이클 패러데이가(Michael Faraday)가 1821년 전기 모터의 원형을 실험으로 증명했고, 최초의 실용적 모터

패러데이.

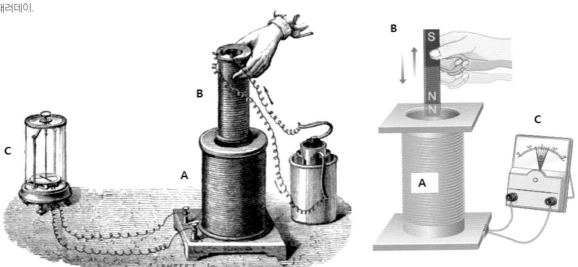

패러데이의 전자기 유도 실험.

가 등장한 시기는 1834년이다. 1862년 발명된 내연 기관보다 앞선다. 전기 전자 산업의 발전으로 배터리 기술도 빠르게 발전하고 있다. 결국 친환경 자동차를 만들지 말지는 기술의 문제가 아니라 의지의 문제가 됐다. 이에 각 나라는 이 다양한 규제를 통해 자동차 기업의 '의지'를 독려하고 있다.

자동차 산업이 갖는 상징적인 의미도 있다. 다른 산업은 친환경으로 변한다고 해서 대다수의 일반 국민이 잘 느끼지 못한다. 예를 들어 자전거의 프레임을 구성하는 철과 알루미늄, 핸들과 안장의 플라스틱, 포장용 종이를 친환경 공정으로 만들었다고 해서 그 차이를 얼마나 알 수 있을까. 하지만 자동차는 다르다. 과거에는 주유소에 갔지만 이제는 전기 충전소에 가야 하니까 생활 방식 자체에 큰 변화가 일어났다. 사람들은 자동차가 지나갈 때마다 느꼈던 매캐한 연기와 부릉거리는 소음이 사라졌다는 걸 즉시 느낀다. 이렇듯이 친환경이라는 시대적 메시지를 전달하기에 자동차만큼 적절한 매개체도 없을 것이다.

초기 전기 자동차
의 몰락

놀랍게도 친환경 자동차인 전기 자동차는 내연 기관 자동차보다 더 먼저 발명됐다. 1834년 영국 스코틀랜드의 로버트 앤더슨이 '원유전기마차'라고 부르는 전기 자동차의 시초를 개발한 것이 시작이다. 최초의 내연 기관 자동차가 1885년 나왔으니 무려 50년이나 앞선다. 전기를 저장할 수 있는 축전지가 개발되면서 여러 번 충전할 수 있게 되자, 전기 자동차의 가치는 높아지기 시작했다.

최초로 시속 100km를 돌파한 것도 전기 자동차다. 1899년 벨기에의 자동차 레이서였던 카미유 제나치는 '라 자메 콩탕트(La Jamais Contente)'라는 이름의 전기 자동차를 개발해 시속 100km를 돌파하는데 성공했다.

전기 자동차는 내연 기관 자동차보다 구조적으로 단순해 만들기가 쉽다. 내연 기관 자동차는 속력에 따라 기어를 바꿔줘야 해서 변속기라는 매우 복잡한 장치가 필요하지만, 모터는 복잡한 장치가 없어도 속력을 자유롭게 바꿀 수 있다.

이처럼 자동차 산업 초반에 전기 자동차의 인기는 다른 자동차와 비교 불가였다. 발명가로 유명한 토마스 에디슨도 전기 자동차를 만들어 선보였을 정도다. 1900년대 초반까지 미국의 도로를 달리는 자동차 세 대 중의

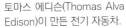

토마스 에디슨(Thomas Alva Edison)이 만든 전기 자동차.

1899년 인류 최초로 시속 100km를 돌파한 프랑스 전기차 라 자메 콩탕트.

한 대는 전기 자동차였다.

그럼 이렇게 승승장구하던 전기 자동차는 왜 외면을 받게 됐을까? 이유는 현재 전기 자동차가 가진 문제와 비슷하다. 충전이 번거롭고, 너무 무거우며, 주행 거리가 짧다는 단점 말이다. 자동차가 발명된 지 얼마 지나지 않은 초기에는 이런 문제들이 크게 부각되지 않았지만, 자동차 이용량이 늘어나면서 이는 매우 심각한 문제가 됐다. 게다가 당시는 이런 문제를 해결할 기술력도 부족했다.

1908년 미국의 헨리 포드가 컨베이어 시스템을 도입하며 내연 기관 자동차인 '모델 T'를 대량 생산했고, 약속이라도 한 듯 1920년대에 미국 텍사스 지역에 원유가 발견되면서 가솔린 가격이 급락했다. 대량 생산을 통해 포드는 당시 다른 자동차와 비교해 매우 싼 가격에 차를 보급할 수 있었다. 저렴해진 자동차 가격과 연료비로 인해 이전까지는 일부 계층만 자동차를 이용했지만, 드디어 일반 노동자나 서민들이 자동차를 구매해 이용할 수 있는 시대가 열렸다.

당시 전기 자동차는 포드의 '모델 T'보다 가격이 3배가량 더 비쌌다. 앞서 언급한 대로 당시 기술로는 해결할 수 없는 치명적인 약점인 비싼 가격, 비싼 유지비 등의 문제가 한꺼번에 불거지면서 전기 자동차의 자리를 내연 기관 자동차가 차지했다. 그 후로 전기 자동차는 100년 가까이 세상에서 잊힌 존재가 됐다.

포드 모델T(Ford Model T)

1908년부터 1927년까지 포드 자동차 회사에서 제조 판매한 자동차로 세계 최초의 대량 생산 자동차이다.

누가 전기 자동차를 죽였나?

제너럴 모터스에서 개발한 최초의 양산형 전기 자동차 EV1. 너무 시대를 앞서 사라진 비운의 자동차로 인식되고 있다.

전기 자동차에게 기회가 없었던 건 아니다. 환경 문제가 점점 중요해지면서, 1996년 제너럴 모터스(GM)는 양산 전기 자동차 1호로 볼 수 있는 EV1을 개발했다. 중량을 132kg까지 줄이고, 최고 시속 130km로 달렸다. 배터리는 납축전지를 썼다가 추후 니켈 수소 전지로 교체하는 등 당대 최초이자 최고의 기술을 대거 적용했다. 독특하게 개인에게 판매하지 않고 장기 임대(리스)로만 서비스를 운영했는데, 초기에는 충전소를 150개까지 확대하는 등 의욕을 보였다.

그러나 생산 및 관리비가 너무 많이 들어 장기 임대로 얻을 수 있는 수익을 초과했다. 여기에 전기 자동차의 등장으로 손해를 입는 정유업체들이 대규모 반대 운동을 벌였고, 심지어 자동차 회사 연합이 소송을 벌여 무공해 자동차 판매 시기를 늦추는데 성공하는 등 반대가 심했다. 결국 나 홀로 전기 자동차를 개발하던 GM은 EV1을 전량 폐기하고, 모든 전기 자동차 프로젝트를 중단시켰다.

EV1 단종에 관해서는 논란이 많다. 크리스 파인 감독은 2006년 '누가 전기 자동차를 죽였나?(Who killed the electric car?)'라는 다큐멘터리를 만들어 전기 자동차 개발을 막은 기존 자동차 기업들의 부조리를 지적했다. 특이하게도 우리나라 혼성 밴드인 '자우림'이 'EV1'이라는 곡에서 이 같은 부조리를 언급했다. 가사 중 일부는 아래와 같다.

"아직은 달릴 수가 있었는데 사막 한가운데로 버려진 빨간색 초록색 EV1"

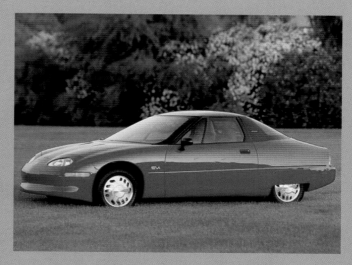

제너럴 모터스에서 개발한 최초의 양산형 전기 자동차 EV1.

디젤 게이트

1990년 이후 환경 문제는 모든 국가가 함께 해결해야 할 공동 과제가 됐다. 이에 가장 먼저 자동차 산업에 각종 규제가 쏟아지기 시작했다. 자동차 기업들은 이전의 수동적인 자세에서 벗어나 적극적으로 환경 문제를 해결해야만 하는 상황이 됐다. 이러한 환경 제도가 도입된 초기에 자동차 기업들이 선택한 해결책은 '디젤'이었다.

내연 기관의 한 종류인 디젤 엔진은 가솔린 엔진과 기본 원리는 같지만, 연료를 폭발시키는 방법에서 다르다. 가솔린 엔진은 공기와 연료를 섞어 실린더에 뿌린 다음 점화 플러그에서 전기 불꽃을 튀겨 폭발시키는데, 디젤 엔진은 전기 불꽃을 튀기지 않고 자연 발화하는 방식을 쓴다. 공기를 많이 압축하면 온도가 높아지는데, 여기에 연료를 분사하면 스스로 폭발한다.

사용하는 연료도 다르다. 가솔린 엔진은 휘발유를, 디젤 엔진은 경유를 쓴다. 경유는 고온 상태에서만 폭발하기에, 디젤 엔진은 가솔린 엔진보다 평균 2배 이상 공기를 더 압축한다. 이 때문에 디젤 엔진은 가솔린 엔진보다 더 높은 내구성이 필요하며, 제조 비용도 더 많이 든다. 폭발하는 힘이 센 탓으로 승차감도 가솔린 엔진보다 많이 떨어진다.

그럼 디젤 엔진의 장점은 뭘까. 보통 디젤 엔진은 가솔린 엔진보다 더 큰 힘을 낸다. 화물차나 RV(레저용 밴) 차량에 디젤 엔진이 쓰이는 이유다. 액셀을 밟았을 때 순간

디젤 배출 가스 조작원리

© 서울중앙지검

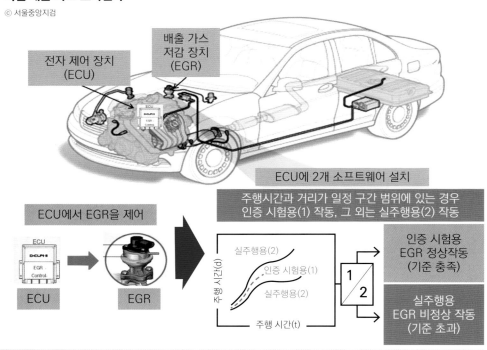

1. 배출 가스: 경유차 규제 배출 가스는 질소산화물(NOx), 일산화탄소(CO), 탄화수소(HC), 매연, 입자상 물질(PM)의 5종 오염 물질로 구성되어 있다.
2. 배출 가스 저감 장치: 엔진 연소 시에 발생하는 배출 가스를 줄이기 위한 장치로서, 경유차 질소산화물 저감 장치로는 EGR(배출 가스 재순환 장치), LNT(Lean NOx Trap, 질소산화물 저장 제거 장치), SCR(Selective Catalytic Reduction, 선택적 산화 환원 장치) 등이 있다.
3. 전자 제어 장치(ECU, Electronic Control Unit): 엔진과 자동차에 장착된 센서 신호를 이용하여 주행 상태를 인식하고, 그에 따라 엔진 작동을 제어하는 장치이다.

적으로 튀어 나가는 힘이 좋아서 '운전하는 맛'을 중요하게 생각하는 운전자들은 디젤 엔진 차량을 선택한다.

또한 디젤 엔진은 힘만 좋은 게 아니라 가솔린 엔진보다 뛰어난 연비를 자랑한다. 평균적으로 가솔린 자동차는 연료 1L로 10km를 가는데, 디젤 자동차는 13.5km를 간다. 연비가 뛰어나다는 건 동일 거리를 가는데 온실가스를 적게 배출한다는 뜻이므로, 자동차 기업들은 디젤 엔진이 온실가스를 적게 배출한다고 주장했다.

   폭스바겐을 비롯한 유럽 자동차 기업은 디젤 자동차에 매연 저감 장치를 장착한 다음, '클린 디젤'이라는 이름으로 홍보를 하기 시작했다. 이산화탄소로만 한정한다면, 디젤 엔진은 가솔린 엔진보다 이산화탄소를 20% 적게 배출한다. 그러나 여기에는 커다란 함정이 있는데, 이산화탄소보다 훨씬 해로운 질소산화물을 가솔린 엔진의 수십~수백 배 배출한다는 사실이다. 폭스바겐은 매연 저감 장치가 이 문제를 해결한다고 주장했다.

   폭스바겐을 필두로 유럽 연합은 각 나라에 그동안 상용으로만 허용하던 디젤 자동차를 승용으로도 허용해 달라고 요청했고, 상당수가 받아들여졌다. 우리나라도 2005년 디젤 자동차 국내 판매를 허용하기에 이른다. 심지어 2009년 우리나라는 디젤 자동차를 친환경 자동차로 분류해 세제 혜택을 주기도 했다. 클린 디젤은 10년 가까이나 진실로 받아들여졌다.

   그러나 진실은 결국 드러나는 법이다. 국제청정교통위원회(ICCT)는 웨스트버지니아대학교에 의뢰해 디젤 엔진의 배출 가스 시험을 연구했는데, 이 연구에서 예상과 완전히 다른 결과가 드러났다. 즉, 폭스바겐이 시험 평가에서 받은 질소가스 농도보다 훨씬 높게 나온 것이다. 연구팀은 처음에는 단순하게

실험 실수인 줄 알고 여러 차례 반복 실험을 했다고 한다.

어떻게 이런 결과가 나왔을까? 비밀은 매연 저감 장치 동작을 통제하는 소프트웨어에 있었다. 인증 통과를 위한 주행 시험에서는 장치가 정상 동작해 질소산화물을 줄이지만, 일반 주행에서는 장치의 동작이 정지되도록 한 것이다. 이 때문에 주행 시험에서는 기준치보다 낮은 질소화합물이 배출되지만, 일반 주행에서는 기준치보다 40배 더 많은 질소화합물을 배출했다. 자동차 역사상 최악의 조작 사건이 드러난 순간이었다.

폭스바겐 측은 처음에는 작은 기술적인 문제라고 부인했지만, 결국 배기가스 조작이 사실임을 인정할 수밖에 없었다. 배출 가스 기준치까지 줄이도록 매연 저감 장치를 동작시키면 엔진의 성능이 너무 떨어지는 문제가 발생했다. 당시 폭스바겐 연구팀은 미국의 엄격한 배출 가스 기준을 충족하는 디젤 엔진을 만들 수 없다는 사실을 깨닫고, 시험 주행 때에만 작동하는 소프트웨어를 개발했다고 한다. 조사를 확대하니 폭스바겐 브랜드의 차량은 물론이고, 산하 아우디, 포르쉐의 일

부 차량까지 해당 디젤 엔진이 탑재됐음이 밝혀졌다.

　사건이 터진 직후 폭스바겐 주식은 말 그대로 반토막이 났고, 마틴 빈터콘 (Martin Winterkorn)회장은 결국 사임했다. 당연하게도 미국을 비롯한 각국 정부는 폭스바겐 자동차 판매 금지, 리콜 명령, 과징금 등으로 철퇴를 내렸다. 각 나라의 징계 절차는 아직도 진행 중이며, 폭스바겐은 천문학적인 배상금은 물론, 신뢰성이란 이미지에 치명적인 타격을 입게 됐다.

　온통 거짓투성이던 클린 디젤로 불거진 일련의 사태를 '디젤 게이트'라고 부른다. 디젤 게이트로 내연 기관 자동차 시대에서 친환경 자동차 시대로 전환하는 계기가 마련됐다. 디젤 게이트의 본질은 환경 문제로 설정한 배출 가스 기준을 내연 기관 기술이 따라가지 못해 발생한 사건이라고 설명할 수 있다. 즉, 이 사건으로 많은 자동차 기업들이 내연 기관 기술을 발전시키는 것만으로는 강화된 배출 가스 기준을 충족하기 어렵겠다는 판단을 내렸다. 이후로 많은 자동차 기업들이 앞으로는 친환경 자동차만 만들겠다고 밝히는 등 자동차 산업 전체가 친환경으로 방향을 전환하게 되었다.

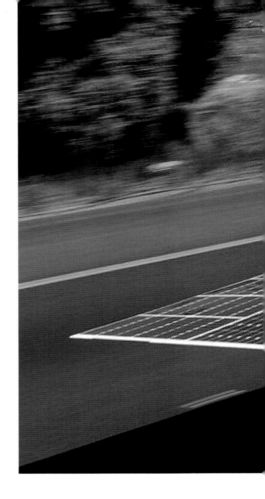

결국 문제는
전기 공급 방식

대다수가 친환경 자동차의 최종 종착지가 전기 자동차라고 인정한다. 개별 자동차만으로 한정할 때, 전기 자동차는 온실가스를 전혀 배출하지 않는 깨끗한 운송 수단이다. 내연 기관 자동차보다 더 먼저 발명된 전기 자동차는 구조가 단순할뿐더러 강력한 성능을 갖고 있다. 구조가 단순하다는 것은 망가질 염려가 적으며, 쉽게 정비할 수 있다는 뜻이기도 하다. 전기 자동차의 심장인 모터는 내연 기관의 엔진보다 더 큰 힘을 내서 더 빠르게 달릴 수 있게 해 준다.

이런 어마어마한 장점에도 불구하고 전기 자동차가 쉽게 상용화되지 못한 이유는 전기를 어떻게 공급할 것인지의 문제가 여전히 남아 있기 때문이다. 이는 전기 자동차 초창기부터 지금까지 지속적인 핵심 문제다. 전기 공급을 어떻게 할 것인지에 따라 전기 자동차의 개발 방향이 완전히 달라진다.

전차선 방식

전기를 공급할 전선을 깔아서 이 위에서 움직이게 하는 방식이다. 이미 기차에서 사용하고 있다. 전기는 외부에서 공급하므로 자동차 안에 배터리가 필요 없으며 매우 안정적으로 전기를 공급할 수 있다. 단점은 전선을 깔아 둔 곳으로만 운행할 수밖에 없으며, 설비와 운행을 위해 큰 비용이 들어간다. 또 외부로 노출된 전선으로 인한 사고도 위험 요소이며, 무엇보다 기차와 다를 바가 없어 자동차로서의 의미를 상실한다.

자기장을 발생시키는 유도 코일을 도로에 설치하는 방식도 제

시된 적이 있다. 최신 스마트폰은 자기장을 통해 무선 충전하는데 이 원리와 비
슷하다고 생각하면 된다. 문제는 도로 전체를 뜯어 유도 코일을 설치해야 하므로
현실적으로 불가능하다.

태양전지 방식

차량 외부에 태양전지를 붙여 태양 빛에서 직접 전기를 만들어 달리는 방식
이다. 1987년부터 호주에서는 '월드 솔라 챌린지(World Solar Challenge)'라는 태양
전지 자동차 대회가 열리는데, 이 대회에 참가한 자동차들은 태양전지 방식
으로만 3,000km에 달하는 거리를 달려야 한다. 대회에 참가하는 당대 최고
의 태양전지 기술이 적용된 자동차들은 기괴한 모양, 단 1명만 탈 수 있는
구조, 그리고 매우 느린 속도로 특징지을 수 있다.
　태양전지 방식은 친환경 자동차의 상징성이 크지만, 여러 문제로 상용화에는 많은 문제가 있다. 가급적 많은 태양광 패널 설치를 위해 자동차 모양이 가분수 형태가 되는데 작은 바람에도 쉽게 뒤집히는 등 안전에 문제가 있고, 무엇보다 태양전지의 효율이 떨어져서 자동차를 움직이기에 역부족이다.

수소연료전지 방식

저장한 수소를 원료로 사용해 즉석에서 전기를 생산해 달리는 방식이다. 수소를 사용해 전기를 만드는 발전 장치를 '수소연료전지'라고 부르는데, 현재 40~50%의 발전 효율로 상당히 우수한 편이다(태양광 전지의 발전 효율은 보통 10% 미만). 기존 내연 기관 자동차에 주유하듯 수소를 채우면 끝이라, 전기 자동차의 가장 큰 문제로 지적되는 충전 시간이 필요하지 않다. 이와 같은 장점 덕분에 수소연료전지 자동차는 배터리를 사용하는 전기 자동차와 더불어 가장 유력한 미래 친환경 자동차로 인정받고 있다.

단점은 기반 구축이 매우 어렵다는 점이다. 예를 들어 수소 충전소는 일반 주유소나 전기 자동차 충전소보다 훨씬 많은 설치 비용이 들고 운영이 어렵다. 게다가 수소 제조 공장에서 수소 충전소까지 이송하는 것도 문제다. 수소 자체가 워낙 폭발력이 큰 위험 물질이라 현재 기술로는 대형 트레일러에 매우 적은 양의 수소를 운반할 수밖에 없다.

게다가 수소를 대량으로 값싸게 생산하는 기술도 아직 개선해야 할 점이 많다. 여러모로 막대한 비용을 투입해야 하는데, 그로 인해 얻는 이득은 일반 배터리 방식의 전기 자동차에 미치지 못한다. 현재 약 20개 자동차 기업에서 수소연료전지 자동차를 개발해 보급하고 있지만, 아직은 여러모로 기술 개발 단계라고 말할 수 있다.

배터리 방식

배터리에 충전한 전기로 달리는 방식이다. 배터리에 전기를 충전하고, 충전한 전기를 사용한다는 점에서 무선 청소기, 휴대전화 등 배터리를 사용하는 가전 기기와 같다. 이 방식에서 핵심은 얼마나 뛰어난 배터리를 사용하느냐인데, 현재 전기 자동차는 대부분 리튬 이온 배터리를 사용한다.

배터리 팩이 장착된 전기차.

이전 세대 배터리였던 니켈카드뮴 배터리는 완전 방전하지 않으면 배터리 용량이 줄어드는 '메모리 효과'가 말썽이었지만, 리튬 이온 배터리는 이 같은 문제가 없다. 무엇보다 가볍고 고밀도로 에너지를 저장할 수 있으며, 고전압을 낼 수 있다. 배터리 수명도 다른 배터리에 비해 월등하게 길다. 다른 배터리를 압도하는 이러한 장점 덕분에 리튬 이온 배터리는 단숨에 배터리 시장을 장악했다.

현재 배터리 방식은 전기 자동차를 만드는 가장 유력한 방법으로 인정받고 있다. 아직 시험 단계인 다른 방식과 달리 배터리 방식의 자동차는 이미 상용 자동차가 여럿 나왔고, 시장이 빠르게 성장하고 있다. 물론 충전소 구축, 폐배터리 처리 문제 등의 기반을 구축해야 하고, 배터리가 가진 폭발 위험을 해결해야 하는 등 남아 있는 숙제는 아직도 많다.

전기 자동차의 구조

전기 자동차는 어떤 원리로 달릴까? 현재 가장 유력한 배터리 방식의 전기 자동차는 극단적으로 비유하자면 RC 자동차의 대형 버전이라고 말할 수 있다. 쉽게 말해 배터리의 전기로 모터를 돌려서 여기에 연결된 바퀴로 달린다. 전기를 기반으로 움직이므로, 전기 동력을 제어하는 부품이 대부분을 차지한다. 내연 기관 자동차와 다른 부분을 알아보자.

모터

내연 기관 자동차의 엔진에 해당하는 부품으로, 전기에너지를 사용해 회전 운동을 시키는 장치다. 둥글게 감은 코일에 전기를 흐르게 하면 코일 뭉치는 자석으로 변하는데, 같은 극은 밀어내고, 다른 극은 당기는 자석 고유의 성질을 이용한다. 코일에 흐르는 전기가 셀수록 센 자석이 되므로 모터

전기 자동차 구성 및 주요 기술

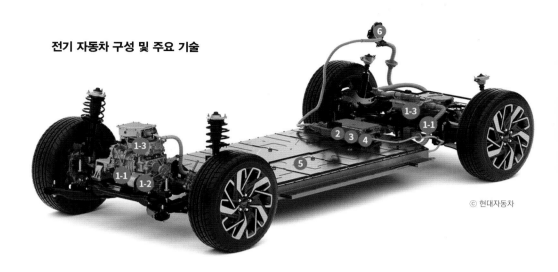

© 현대자동차

1. PE 시스템

1-1 구동 모터: 일반 내연 기관의 엔진처럼 전기 자동차의 구동력을 발생. 고전압 배터리에 저장된 전기에너지를 운동에너지로 변환하여 구동력을 발생하며 감속 시 발전기 역할을 한다.

1-2 감속기: 모터의 회전수를 필요한 수준으로 낮춰 전기차가 더 높은 회전력을 얻을 수 있도록 하는 장치이다.

1-3 인버터: 고전압 배터리에 저장된 직류 전원(DC)을 교류 전원(AC)으로 변환하여 모터의 토크를 제어하는 부품이다.

2 충전 총괄 제어기(VCMS): 전기 자동차 내의 모든 충전 관련 기능을 총괄하는 부품이다.

3 ICCU(양방향 온보드차저): 기존 단방향 충전만 가능하던 OBC(On Board Charger) 기능을 개선해 외부 충전분만 아니라 고전압 배터리에 저장된 전기를 외부로 내보내는 V2L(Vehicle to Load) 등을 가능케 하는 부품이다.

4 차량 제어기(VCU): 모터 제어, 회생 제동 제어, 공조 부하 제어, 전장 부하 및 전원 공급 제어 등 차량 전력 제어와 관련된 대부분을 관장하는 장치이다.

5 고전압 배터리: 전기 자동차 구동에 필요한 전기에너지를 저장하고 주행 시 이를 공급하는 부품이다.

6 400/800V 멀티 급속 충전 시스템: 800V 충전 시스템을 기본으로 적용해 18분 내에 충전 가능케 하는 장치이다. 1회 완충 시 500km 주행이 가능하다.

전기 자동차 자동 변속기

수많은 기어의 조합으로 만들어진 변속기는 그야말로 기계 공학의 정점이라고 할수 있다. 전기 자동차는 복잡한 변속기가 필요 없다.

는 더 강한 힘을 갖게 된다.

모터는 내연 기관에 비해 크기가 작아도 더 큰 힘을 낸다. 특히 속력이 느릴 때 토크가 세서 최고 속도까지 금방 도달한다. 토크란 물체를 회전시키는 효력을 나타내는 물리량으로, 자동차에서 토크가 높다는 것은 지면을 박차고 나가는 힘이 세다고 이해할 수 있다. 전기 자동차의 토크는 내연 기관 자동차와 비교할 때 월등히 높다.

공식적인 표현은 아니지만, 흔히 '제로백'이라 해서 시속 100km까지 도달할 때까지 걸리는 시간을 측정해서 자동차의 성능을 나타낸다. 일반 승용차는 10초 이상이고, 고성능 모델의 제로백이 7~10초 정도를 기록한다. 제로백 2~3초대는 그야말로 '슈퍼카'만 달성할 수 있는 꿈의 영역이었다. 내연 기관은 회전수가 어느 정도 높아져야 최대 토크가 나오는 성질이 있어서 낮은 속력일 때 힘을 내기가 어렵다.

그런데 모터는 처음부터 최대 토크를 낸다. 즉, 달리기 시작할 때부터 최고의 힘을 발휘할 수 있다는 뜻이다. 이 덕분에 전기 자동차는 그야말로 무지막지한 '제로백'을 달성하는데, 국산 자동차인 기아 EV6가 3.5초를 기록했다. 내연 기관 자동차에서 슈퍼카의 영역을 전기 자동차에서는 일반 승용차가 우습게 달성하는 셈이다. 전기 자동차 중에서도 고성능 모델은 1초대의 제로백을 갖고 있다. 테슬라 모델S 플레이드가 제로백 1.99초, 크로아티아의 리막 오토모빌리가 생산 중인 전기 스포츠카 리막 네베라는 1.85초를 달성했다.

모터의 장점은 또 있다. 자기력을 기반으로 움직이는 모터는 거의 소음을 발생시키지 않는다. 내연 기관은 작은 실린더 안에서 폭발이 끝없이 일어나도록 하는 원리이므로, 아무리 정교하게 만든다고 하더라도 어느 정도의 진동과 소음을 피할 수 없다. 전기 자동차가 움직일 때 너무 조용해서 보행자가 알아챌 수 없어 문제라는 말이 나올 정도이다.

결론적으로 모터는 내연 기관보다 더 작고 단순하지만, 더 강력한 성능을 발휘한다. 소음이 거의 발생하지 않아 최고의 정숙성을 보장한다. 자동차의 거대한 흐름이 전기 자동차로 바뀌고 있는 이유는 단순히 환경 문제 때문만은 아니며, 이러한 장점들이 모두 내포되어 있는 것이다.

감속기

모터는 내연 기관보다 매우 빨리 회전한다. 내연 기관 자동차는 최대 6,000~8,000rpm의 회전수를 나타내지만, 모터는 18,000rpm 정도이다. 내연 기관에서는 이 이상 회전수를 높이면 여러 문제가 발생하지만, 전기 자동차에서는 회전수를 높여도 아무런 무리가 없다.

현대차 '아이오닉5'의 일체형 감속기.
ⓒ 현대자동차

그러나 회전수가 능사는 아니다. 평지를 달릴 때는 문제가 없지만, 언덕을 오를 때 힘이 부족하게 된다. 자전거에서 언덕길을 오를 때 페달을 많이 굴려야 조금 움직이는 1단 기어를 선택하는 것을 생각하면 이해하기 쉽다. 즉, 모터를 구동하는 힘이 똑같다면 회전수를 줄여서 힘을 확보할 수 있다.

감속기는 바로 이처럼 회전수를 줄여서 힘을 확보하는 역할을 담당한다. 내연 기관 자동차의 변속기는 자전거처럼 여러 단을 바꿔 가며 힘과 속력을 정교하게 조절해야 하므로 매우 복잡한 구조가 필요하지만, 감속기는 그냥 회전수를 적절한 수준으로 줄이는 것만으로 충분하다. 쉽게 비유하면 감속기는 1단만 있는 변속기라고 할 수 있다.

온보드차저

온보드차저(OBC, On Board Charger)는 교류 전기를 직류 전기로 바꿔 주는 장치다. 현재 전기 자동차를 충전하는 방식은 두 가지이다. 첫 번째는 가정에서 사용하는 220V 교류 전기를 사용해서 완속 충전하는 방식이고, 둘째는 고압 직류 전기를 사용해서 급속 충전하는 방식이다.

이중 교류 전기를 사용하는 완속 충전 방식은 속도는 느리지만, 우리가 주로 사용하는 전원을 그대로 쓸 수 있어 유용하다. 다만 교류를 직류로 바꿔 주는 장치가 차량에 들어 있어야 한다. 배터리는 직류 전기로 충전해야 하기 때문이다. 이 역할을 하는 장치가 온보드차저다. 물론 교류 전기로 급속 충전을 할 수 없는 것은 아니다. 다만 이렇게 하려면 전력을 높여야 하는데, 그럼 온보드차저도 함께 용량과 크기가 늘어나야 해서 차량에 탑재하기 어렵다.

급속 충전 방식은 외부 급속 충전기에서 교류를 직류로 바꿔서 충전해 주기 때문에 차량 안에 별도의

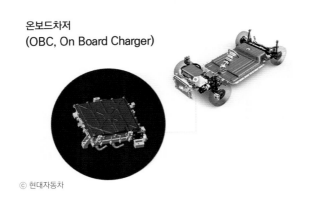

**온보드차저
(OBC, On Board Charger)**

ⓒ 현대자동차

OBC(On Board Charger)는 고전압 배터리의 충전을 위해 외부 교류 전원을 직류 전원으로 변환시키는 장치이다. 보통 급속 충전은 직류 충전으로 진행되기에, 일반적으로 직류 충전기를 급속 충전기라 부른다.

변환 장치가 필요하지 않다. 그러나 급속 충전기 안에 온보드차저처럼 변환 장치가 들어가야 하므로 설치비가 더 든다. 아직 급속 충전소는 충분히 보급되지 않은 상태라 전기 자동차를 이용하는 사람은 충전에 불편을 겪는다.

통합 전력 제어 장치

전기 자동차의 전력을 통합적으로 제어하는 장치로, 인버터, LDC(Low voltage DC-DC Converter), VCU(Vehicle Control Unit)로 구성돼 있다. 이중 인버터는 배터리의 직류 전기를 교류 전기로 바꾸는 장치다. 왜 직류 전기를 군이 교류 전기로 바꿀까? 그건 전기 자동차 대부분이 교류 모터를 쓰기 때문이다. 직류 모터는 구조상 회전축이 180도 돌았을 때 전류의 방향을 바꿔 주는 '브러시'라는 부품이 들어가는데, 많이 쓰면 마모돼서 주기적으로 교체해 줘야 한다. 이에 비해 교류 모터는 브러시 같은 소모품이 필요 없고 구조가 간단하다.

LDC는 배터리의 전압을 저전압(12V)으로 바꾸는 장치다. 자동차에 쓰는 전자 장비를 '전장'이라고 부르는데, 대부분 전장 부품은 저전압에서 작동한다. 자동차 주변 환경을 인지하는 다양한 센서들, 이를 판단해 차량을 제어하는 장치들, 에어컨, 오디오, 내비게이션 등이 전장에 해당하며, 인공지능 자율주행 시대에 접어들면서 전장의 중요성은 점점 더 커지고 있다. 이들이 제대로 작동하게 해 주는 장치라고 말할 수 있다. VCU는 차량 제어기로 모터의 토크를 적정 수준으로 제어하는 역할을 맡는 장치다. 배터리에 끌어올 수 있는 에너지, 운전자의 명령을 고려해 토크를 계산한 다음, 모터에 명령을 내리는 역할을 한다. 또 VCU는 전기 자동차 특유의 제동 장치인 '회생 제동'을 제어하는 등 자동차 전력 제어와 관련된 대부분을 담당한다.

통합 전력 제어 장치 (EPCU)

ⓒ 현대자동차

전기 자동차의
핵심은 배터리

120년 전의 전기 자동차와 현재 전기 자동차의 가장 큰 차이, 그때는 불가능했고 지금은 가능한 결정적인 차이는 바로 배터리의 성능이다. 배터리는 전기 자동차를 만들 때 가장 큰 비용이 드는 부품 중 하나다. 그래서 배터리 가격을 얼마만큼 떨어뜨릴 수 있느냐는 전기 자동차 산업의 성패를 가르는 중요한 변수다.

그럼 전기 자동차를 만드는 비용 원가에서 배터리가 차지하는 비율은 얼마나 될까? 불과 10년 전인 2010년대에만 해도 전체 자동차 원가의 무려 40~50%를 배터리가 차지했다. 그러나 최근 배터리 가격은 빠르게 내려가고 있다. 2010년 kWh 당 1,000달러에 육박했던 리튬 이온 배터리 가격은 2019년, 당시 6분의 1수준인 156달러로 떨어졌다. 이는 전기 자동차 생산 대수가 늘어나 배터리 수요도 덩달아 늘어났고

규모의 경제가 가능해졌기 때문이다. 이로써 현재 배터리가 전체 자동차에서 차지하는 비율은 원가의 20% 수준까지 떨어졌다.

전기 자동차에서 가장 많이 사용하는 리튬 이온 배터리는 현재 가장 뛰어난 배터리라고 할 수 있다. 리튬 이온이 음극에서 양극으로 이동하면서 전기 에너지를 방출한다. 충전할 때는 반대로 리튬 이온이 양극에서 음극으로 이동한다. 충전 및 재사용이 불가능한 일차 전지와 달리 여러 번 충전을 할 수 있어 이차 전지라고 부른다.

리튬 이온 배터리는 고밀도로 전기에너지를 저장할 수 있고, 고전압을 낼 수 있다. 기존 니켈카드뮴 배터리가 가진 '메모리 효과'도 나타나지 않고, 배터리의 수명도 훨씬 길다. 리튬은 원자번호 3번의 원소로 가장 가벼운 금속이므로 배터리의 무게도 가벼워졌다. 게다가 크기와 두께를 작고 가늘게 만들 수 있어 어디에든 쓰일 수 있다.

리튬 이온 배터리는 '여러 배터리 중 성능이 좋은 한 가지' 정도의 의미가 아니다. 리튬 이온 배터리 덕분에 지금 우리가 누리고 있는 모바일 세상이 가능해졌다. 이 공로를 인정받아 2019년 노벨 화학상은 리튬 이온 배터리를

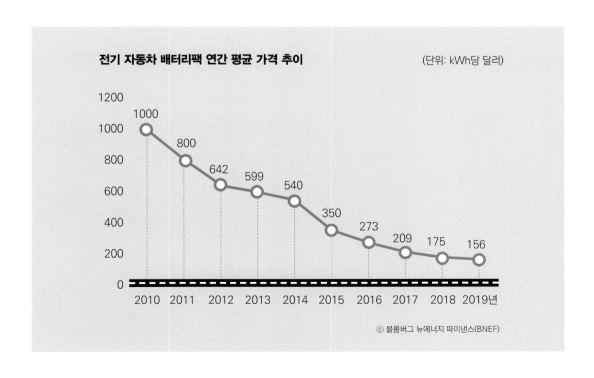

전기 자동차 배터리팩 연간 평균 가격 추이 (단위: kWh당 달러)

© 블룸버그 뉴에너지 파이낸스(BNEF)

개발하는데 큰 역할을 한 존 구디너프(John B. Goodenough), 스탠리 휘팅엄(M. Stanley Whittingham), 요시노 아키라(吉野 彰)에게 돌아갔다.

1970년대 처음 등장한 리튬 이온 배터리는 여러 과학자의 개선을 거치며 발전했다. 주로 전기 저장 용량을 늘리고, 안정성을 높이고, 배터리의 수명을 늘리는 방향으로 발전했다. 이를 위해 배터리의 양극, 음극에 쓰이는 재료를 계속 바꿔 가며 실험을 반복했다. 현재 양극에는 리튬코발트 산화물, 음극에는 흑연이 가장 많이 쓰인다.

리튬 이온 배터리의 수요가 늘면서 이들 재료가 귀해지는 건 당연한 순서다. 이에 주요 배터리 생산국들은 배터리 재료 확보를 위해 사활을 걸고 있다. 리튬은 주로 칠레에서 생산된다. 칠레는 세계 리튬 매장량의 53%를 보유하고 있는 나라로, 칠레의 소금호수는 리튬이 많이 포함돼 있어 여기에서 리튬을 추출한다. 최근 우리나라 포스코와 삼성SDI가 칠레에서 배터리 양극재를 생산하는 최종 사업자로 선정돼 화제가 됐다.

사실 리튬보다 더 귀한 재료는 코발트다. 양극에 리튬코발트 산화물이 많이 쓰이기 때문이다. 바닷물에서도 얻을 수 있는 리튬과 달리 코발트는 구리와 니켈 광산에서 부산물로 얻어지는 희귀한 금속이다. 희소성은 높은데 수요는 늘어나니 해마다 가격이 상승하고, 배터리 가격을 낮추는 데 걸림돌이 되고 있다.

차세대 배터리

리튬 이온 배터리(Li-ion battery)의 많은 장점에도 불구하고 더 나은 배터리를 개발하려는 노력은 계속되고 있다. 리튬 이온 배터리를 만드는 재료들은 매장량이 한정돼 가격을 낮추는 데 한계가 있다. 후보 물질로는 리튬과 같은 1족 원소들이 거론되는데, 주기율표에서 리튬의 아래에 있는 나트륨과 칼륨이 대표적이다.

리튬 이온 배터리(Li-ion battery)의 이론적으로 리튬 못지않은 전기를 생산할 수 있으면서도, 자원이 풍부해 훨씬 저렴한 배터리를 만들 수 있을 것으로 기대된다. 소듐 이온 배터리(Sodium-ion battery)의 장점은 저렴한 가격과 안전성이다. 바닷물의 소금에서 얻을 수 있는 지구에서 가장 흔한 금속 중 하나인 소듐을 쓰면 배터리 가격을 획기적으로 낮출 수 있다. 또 매우 안전하기 때문에 주로 친환경 에너지를 보관하는 대용량 배터리 후보로 주목받고 있다.

그래서 리튬 이온 배터리의 발전 방향 중 한 가지 목표가 더 추가됐다. 바로 코발트 사용을 줄이거나 완전히 쓰지 않는 것이다. LG화학은 GM과 함께 코발트 비중을 10% 미만으로 낮춘 새로운 배터리를 개발했다. 또 다른 국내 배터리 기업인 SK이노베이션도 코발트 비중을 5%로 줄인 배터리 생산을 앞두고 있다. 배터리의 성능은 그대로 유지하면서 값비싼 코발트 대신 다른 금속을 찾는 것이야말로 배터리 기술이 풀어야 할 중요한 숙제다.

초창기보다는 많이 좋아졌지만, 리튬 이온 배터리의 안정성은 아직도 많은 개선이 필요하다. 에너지 밀도를 극도로 높일수록 휴대성이 높아지지만, 위험성도 함께 높아지기 마련이다. 잊을만하면 한 번씩 터지는 배터리 화재 소식이 이를 증명한다.

전기 자동차에 사고가 나는 등의 이유로 화재가 발생하면 진화하기 어려운 것도 문제다. 배터리에 외부 충격이 가해져 안전장치인 분리막이 파손되면 순간적으로 1,000도 넘게 온도가 치솟는다. 물을 뿌려 불을 꺼도 다시 살아나기를 반복하기에 10시간 가까이 물 뿌리기를 계속해야 한다. 이 과정에서 일반 화재의 100배에 달하는 양의 물이 필요한데, 이는 한 개 소방서가 한 달 사용하는 양에 달한다. 아직까지 전기 자동차 화재를 진압하는 최적의 방법은 찾지 못한 상태다.

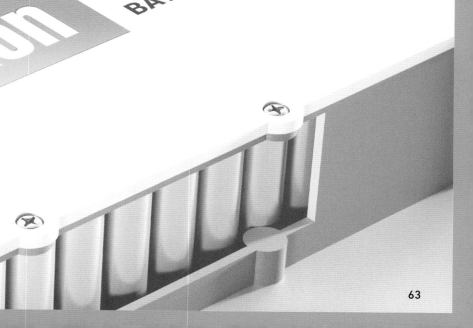

항속 거리 늘리는
기술들

항공기나 선박에서 연료를 한 번 주입해서 갈 수 있는 최대 거리를 '항속 거리(航續距離)'라고 부른다. 이들 운송 수단에 연료를 주입하려면 지상에 착륙하거나 부두에 정박하는 등 전체 이동 시간에서 상당 시간을 소모해야 한다. 따라서 이 항속 거리는 해당 항공기와 선박의 성능을 판단하는 중요한 기준이 된다. 일반 자동차에는 항속 거리라는 말을 잘 쓰지 않는다. 주유소에 잠깐 들러 연료를 채우는 시간이 자동차의 전체 이동 시간에서 볼 때 차지하는 비중이 작기 때문이다.

그런데 전기 자동차에서는 항속 거리라는 말을 종종 사용한다. 수 분 내에 연료 주입이 끝나는 내연 기관 자동차와 달리 전기 자동차의 충전 시간은 수십 분에서 수 시간까지 길게 걸리기 때문이다. 이 때문에 배터리를 최대로 충전한 다음 얼마나 멀리까지 갈 수 있느냐를 따지는 항속 거리는 전기 자동차의 성능을 판단하는 매우 중요한 기준이다.

다행스럽게도 전기 자동차의 항속 거리는 점점 길어지고 있다. 1996년 출시된 제너럴 모터스의 EV1 납축전지 모델의 항속 거리는 90km에 불과했다. 이에 비해 최근 출시된 테슬라 모델S의 항속 거리가 647km(미국 환경보호청 기준)에 달하는 등 최신 전기 자동차의 항속 거리는 비약적으로 향상되고 있다.

회생 제동 기술

전기 자동차의 항속 거리를 향상한 일등 공신은 당연하게도 배터리 기술의 발전이다. 리튬 이온 배터리는 납축전지보다 훨씬 더 많은 전기에너지를 저장할 수 있다. 더 많은 전기에너지를 저장하니까 더 멀리까지 갈 수 있는 건 당연한 이치다. 그러나 이것만이 전부는 아니다. 전기 자동차에는 항속 거리를 늘리기 위

글로벌 주요 전기 자동차 업체
주행 거리 기술력 비교

ⓒ 한국일보 2021.7.5. 기사

업체	1회 충전 주행 거리	전기차 플랫폼	배터리 제조사
현대차	475km (환경부 기준) 510km (WLTP 기준)	E-GMP	SK이노베이션. LG에너지솔루션, CATL
볼보	1,000km (개발 중)	리차지	LG에너지솔루션, 노스볼트
GM	960km (EPA 기준)	얼티움	CATL
메르세데스-벤츠	770km (WLTP 기준)	MEA	LG에너지솔루션
테슬라	652km (EPA 기준)	스케이트 보드	LG에너지솔루션, 파나소닉. CATL
BMW	630km (WLTP 기준)	전기차 전용 플랫폼	삼성SDI

• WLTP 국제 표준 시험 방식 • EPA 미국 환경청

해 '회생 제동(回生制動)'이라는 기술이 적용돼 있다.

먼저 내연 기관 자동차를 생각하자. 액셀을 밟으면 속도가 더 빨라지고, 브레이크를 밟으면 속도가 줄어든다. 브레이크를 밟으면 브레이크 패드라는 장치가 자동차 축에 연결된 디스크를 감싸 쥐면서 마찰을 일으켜 속도를 줄인다. 이 과정에 많은 열이 발생하고 브레이크 패드는 마모되므로 주기적으로 교체해야 한다. 열이 발생한다는 뜻은 자동차의 운동에너지가 열에너지로 바뀌며 손실이 일어난다는 뜻이다.

그런데 전기 자동차는 이와는 다른 방식으로 자동차의 속도를 줄인다. 회생 제동은 운동에너지를 전기에너지로 바꿔 속도를 줄이는 방식이다. 즉 액셀에서 발을 떼거나, 브레이크를 밟으면 자동차가 보유한 운동에너지로 '발전'을 해서 배터리에 전기를 충전한다. 현재 기술로 자동차 운동에너지 중 약 절반 정도를 회수할 수 있다. 일반적으로 자동차가 무거울수록 연비가 좋지 않지만 전기 자동차는 예외이다. 회생 제동으로 에너지를 회수하므로 무게의 영향을 적게 받는다. 이와 같이 회생 제동은 전기 자동차의 항속 거리를 늘리는 핵심 기술인 셈이다.

또한 유지비가 적게 드는 장점도 있다. 확실한 제동을 위해 마찰력을 이용하는 브레이크 패드도 함께 사용하지만, 전기 자동차의 브레이크 패드 교체 주기는 내연 기관 자동차보다 두 배 정도 더 길다. 완전히 정지하는 경우가 아니면 브레이크 패드를 쓰지 않기 때문이다.

히트 펌프 기술

회생 제동 외에 배터리를 효율적으로 관리하는 기술도 계속 진화하고 있다. 배터리는 온도에 매우 민감하다. 특히 추운 겨울에는 상온일 때보다 배터리가 빨리 소진된다. 당연하게도 배터리를 사용하는 전기 자동차는 겨울에 항속 거리가 줄어드는데, 적게는 20%에서 많게는 35%까지 줄어든다. 이는 만만치 않은 숫자다.

이를 개선하는 기술이 바로 '히트 펌프(heat pump)'다. 쉽게 말해 배터리를 따뜻하게 만들어 수명을 늘리는 기술이다. 여기에서 어떻게 배터리를 따뜻하게 만들지가 핵심이다. 석유를 태워서 달리는 내연 기관 자동차는 엔진을 작동하는 것만으로도 많은 열이 발생하기에 이를 난방으로 쓰면 되지만, 전기 자동차에서 발생하는 열은 이에 비해 미비하다. 그럼 배터리의 전기에너지를 써서 전기 히터처럼 열을 발생시키면 어떨까. 안타깝게도 이 방법은 온도가 높아져 늘어나는 배터리 수명으로 얻는 에너지 이득보다, 온도를 높이기 위해 쓰는 에너지 손해가 더 크다.

그러므로 전기에너지를 소모하지 않으면서 열을 발생시킬 방법을 찾아야 한다. 히트 펌프의 원리는 냉장고나 에어컨과 비슷하다. 냉장고와 파이프에는 냉매가 들어 있어서 냉장고 안쪽에서는 갑자기 팽창시켜서 온도를 떨어뜨리고, 냉장고 바깥쪽에서는 갑자기 압축해서 온도를 높인다. 안쪽의 열을 가져와서 밖으로 배출하는 이 과정을 반복하면서 냉장고 안쪽이 시원해진다.

히트 펌프는 이 원리를 반대로 사용해서 추운 겨울철에 자동차 내부 난방을 하거나 배터리 온도를 높인다. 기체를 팽창시키는데 필요한 에너지는 전기 자동차가 달릴 때 모터, 온보드차저, 인버터, 통합 전력 제어 장치 등에서 발생하는 열을 모아 사용한다. 이처럼 전기 자동차에는 항속 거리를 조금이라도 늘리기 위한 다양한 기술이 들어 있다. 허공에 버려지는 에너지가 조금이라도 없도록 최대한 '긁어모아' 사용한다. 이런 노력 덕분에 전기 자동차의 항속 거리는 점점 길어지고 있다.

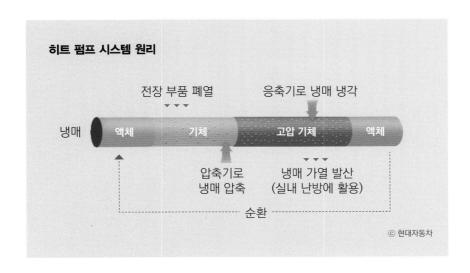

히트 펌프 시스템 원리

전장 부품 폐열 / 응축기로 냉매 냉각

냉매 / 액체 / 기체 / 고압 기체 / 액체

압축기로 냉매 압축 / 냉매 가열 발산 (실내 난방에 활용)

순환

ⓒ 현대자동차

전기 자동차의
인프라

자동차 산업은 단순히 자동차 한 대를 만드는 것으로 완성되지 않는다. 자동차는 주기적으로 에너지를 공급해야 달릴 수 있으므로, 이 에너지를 만들고 공급하는 기반이 마련돼야 한다. 내연 기관 자동차가 달리려면 주유소, 유조차, 유조선, 송유관, 정유 시설, 석유 시추 시설 등이 필요한 것과 같은 이치다.

충전소 보급

자동차에 전기를 공급하는 충전소는 해마다 빠르게 늘어나고 있다. 우리나라는 2021년 7월 현재 급속 충전기 약 1만 개, 완속 충전기 약 6만 개로 7만 개가 넘는 충전기가 설치돼 있다. 여기에 개인이 정부 보조금을 받아 설치한 약 3만 개를 더하면 10만 개의 충전기가 설치된 셈이다. 국내 보급된 전기 자동차가 약 16만 대이니, 충전기 1기당 전기 자동차 수는 1.6대로 미국, 유럽, 일본보다 많다.

환경부는 2025년까지 급속 충전소를 1만 2,000곳 이상 구축하기로 했는데, 이 숫자는 현재 주유소 숫자와 같다. 이에 더해 아파트 주차장, 상업 시설 등에 완속 충전기를 50만 대 이상 설치하기로 했다. 이런 기반 시설을 바탕으로 2025년까지 친환경 자동차를 283만 대, 2030년까지 785만 대를 보급할 계획을 발표했다. 현재 내연 기관 중심의 자동차 구조를 전기 자동차 중심으로 바꾸겠다는 강력한 의지다.

전기 자동차가 지금보다 더 늘어나면 전기 사용량이 늘어날테니 발전소가 부족하지 않을까라는 질문이 따라온다. 우

리나라 승용차의 연평균 주행 거리는 약 1만 4,000km로, 이를 전기 자동차로 환산하면 연간 약 2,500kWh(킬로와트시)의 전력이 필요하다. 만약 1,000만 대의 전기 자동차가 보급된다면 2만 5,000GWh(기가와트시)라는 계산이 나오는데, 이는 우리나라 연간 총 발전량의 4%에 해당하는 전력이다. 아직 추가 발전소 설립까지 고려할 수준은 아니다.

친환경 발전과 전기 자동차

오히려 전기 자동차가 많이 보급되면 발전소 전기 생산 운영을 더 효율적으로 할 수 있다. 거의 모든 영역에서 장점만 많은 전기에너지는 치명적인 단점이 하나 있는데, '보관하기 어렵다.'는 것이다. 또 생산량보다 소비량이 더 많으면 '블랙 아웃(black out)'이라는 대규모 정전 사태가 발생한다. 이 때문에 국가의 전력을 통제하는 한국전력공사는 사용할 전력량을 예측해서 이것보다 15% 정도 더 많이 생산한다. 남은 전기는 보관할 수 없으니 그냥 허공에 버려진다.

이 때문에 친환경 발전소는 ESS(Energy Storage System)라고 부르는 전기에너지 저장 장치와 결합해 운영한다. ESS는 배터리를 구조적으로 연결해 전기를 저장하거나, 내보낼 수 있게 만든 장치다. 태양광, 풍력 등의 친환경 발전소는 전기 생산량을 임으로 조정할 수 없기에 전기 생산량이 많고 수요가 적을 때는 ESS에 전기를 저장하고, 반대의 경우에는 저장했던 전기를 전력망에 내놓는 식으로 운영한다.

전기 자동차가 1,000만대까지 보급되면 어떨까? 전체 전력량에서 무려 4%를 전기 자동차에 저장할 수 있게 된다. 친환경 발전소 - ESS - 전기 자동차를 연계해서 전기가 남아돌 때는 값싸게 공급해 충전을 유도하고, 부족할 때는 비싸게 공급해 충전을 보류하게 하는 식으로 전기 생산과 공급을 탄력적으로 운영할 수 있다.

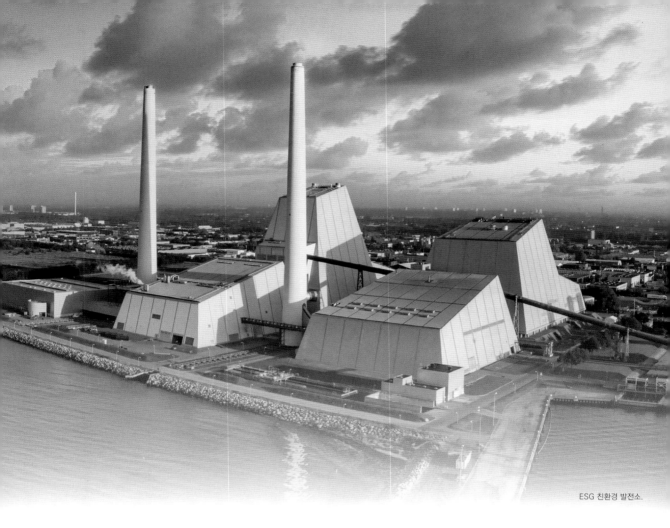

ESG 친환경 발전소.

폐배터리 처리

전기 자동차가 수명을 다했을 때 발생하는 폐자원을 어떻게 재활용할지도
정해야 한다. 배터리는 사용할수록 서서히 용량이 줄어들어 5~10년 정도 사
용하면 폐기해야 한다. 이 폐배터리의 사용법에 관한 연구도 활발하다. LG에
너지솔루션과 제너럴모터스의 합작 법인인 '얼티엄셀즈(Ultium Cells)'는 폐배터
리를 ESS에 사용하는 사업을 진행하고 있다. 고전압, 고전력이 필요하지 않으
므로 폐배터리로도 충분한 성능을 낸다.

　폐배터리에서 유용한 자원을 뽑아내는 사업도 성장하고 있다. SK이노베이
션, 삼성SDI 등은 폐배터리에서 리튬, 니켈, 코발트, 망간을 회수하는 사업을
추진 중이다. 시장 조사 업체 SNE리서치에 따르면 폐배터리 재활용 사업의
시장 규모는 2050년 600조 원 규모로 성장할 전망이다. 전기 자동차 산업과
함께 이를 구축하는 인프라 사업도 빠르게 성장하고 있다.

다른 접근법 1
- 하이브리드

내연 기관 자동차에서 전기 자동차로 가는 도중에 '하이브리드 자동차'라는 개념이 등장했다. 하이브리드 자동차의 시초는 1899년 페르디난드 포르셰가 개발한 '믹스테(Mixte)'로, 내연 기관을 돌려 만든 전기를 배터리에 충전한 다음 전기 모터로 달리는 자동차였다. 현대에 와서는 자동차보다 열차에 먼저 적용됐는데, 전동 열차에서 전력선이 없는 구간을 달리기 위해 열차에 설치된 디젤 엔진이 전기를 만들어 내는 방식이다.

현대적인 하이브리드 양산차는 1997년 출시된 도요타 프리우스가 최초다. 아직 배터리 기술이 부족해 순수 전기 자동차가 등장하기는 어려웠지만, 석유 파동으로 높은 연비를 가진 자동차가 필요했던 시대였다. 프리우스는 이 필요에 정확히 부응해서 호평을 받았다. 내연 기관과 전기 모터를 혼용해서 양쪽 엔진의 장점을 취하고, 연비를 극대화한다. 1세대 프리우스의 연비는 리터 당 28.0km였고, 2세대는 35.5km에 달해 당시 연비 분야에서 적수가 없었다.

왜 하이브리드 자동차는 연비가 뛰어날까? 내연 기관에서 허공에 버리는 에너지를 전기에너지로 바꿔 사용하기 때문이다. 모든 자동차의 축에는 작은 발전기가 달려 있다. 여기에서 만든 전기는 배터리에 충전했다가 자동차의 다양한 전기 장치에 사용한다. 내연 기관 자동차의 경우 사용하는 전기량이 많지 않으므로 배터리의 용량도 클 필요가 없다. 하이브리드 자동차의 배터리는 내연 기관 자동차의 배터리보다 크고, 전장에만 쓰는 게 아니라 모터를 돌려 달리는 데도 쓴다.

하이브리드는 다양한 방식이 존재하는데, 도요타의 직병렬 방식과

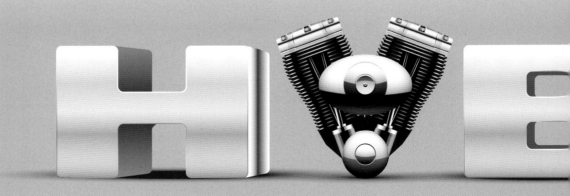

최초의 하이브리드
자동차 믹스테.

현대자동차의 병렬 방식이 가장 많이 쓰인다. 도요타의 직병렬 방식은 내연 기관과 모터 2개를 쓴다. 이들이 구동하거나 구동하지 않도록 함으로써 상황별 가장 효율이 높은 방법으로 달린다. 내연 기관 자동차에서 필수적인 변속기가 없는 등 구조가 단순한 장점이 있다. 그러나 기존 내연 기관 자동차와 구조적으로 호환되는 부분이 적어서 기존 자동차 메이커가 도요타 방식의 하이브리드 자동차를 생산하려면 파워 트레인을 새로 개발해야 하는 등 비용이 많이 든다. 이

에 비해 현대자동차의 병렬 방식은 엔진과 변속기 사이에 모터 하나를 넣는 식으로 기존 내연 기관 자동차를 기반으로 한다. 도요타의 직병렬 방식보다 구조가 더 복잡하지만 기존 자동차의 파워 트레인을 그대로 활용할 수 있는 것이 장점이다.

하이브리드 자동차는 내연 기관이 달려 있어서 별도의 충전 장치가 없었지만, 최근 외부 전원으로 충전이 가능한 '플러그인 하이브리드 자동차'가 등장하고 있다. 배터리 용량도 더 커져서 본격적인 전기 자동차와 더 유사한 형태라고 할 수 있다. 구조적 유사성을 나열하자면, 내연 기관 → 병렬 하이브리드 → 직병렬 하이브리드 → 플러그인 하이브리드 → 전기 자동차 순서다.

하이브리드 자동차가 처음 등장했을 때, 다른 자동차 기업에서는 전기 자동차로 가는 과도기에 잠깐 있다가 사라질 기술이라고 판단했다. 하지만 배터리 성능 개선이 예상보다 늦어지고, 연료비 상승으로 연비가 중요해지자 많은 자동차 기업들이 뒤늦게 개발하기 시작했다. 지금은 대다수 자동차 기업에서 하이브리드 자동차를 판매하고 있다.

| 하이브리드 자동차 HEV | 플러그인 하이브리드 자동차 PHEV | 전기 자동차 EV |

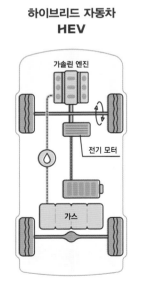

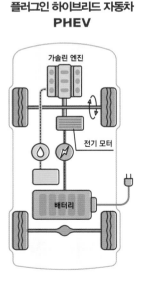

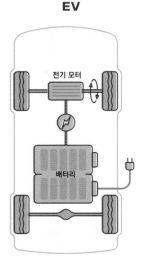

- 주행 조건별 엔진과 모터를 조합하여 최적 운행
- 외부 전원으로 배터리 충전
- 하이브리드+전기차 특성
- 충전된 전기에너지로 운행

도요타 프리우스 플러그인 하이브리드 자동차.

비록 하이브리드 자동차는 온실가스를 배출하기는 하지만, 압도적인 연비로 내연 기관보다 더 친환경적이다. 연비가 좋다는 건 한 번 주유로 더 긴 거리를 여행할 수 있다는 뜻인데, 이 장점이 매우 매력적이다. 한 번 주유 탱크를 가득 채우면 1,200~1,500km를 달리니, 서울~부산 구간을 세 번이나 갈 수 있다.

또한 하이브리드 자동차는 전기 자동차의 가장 근본적인 충전 시간 문제를 새로운 인프라 구축 없이 해결할 수 있는 대안이기도 하다. 여러 장점을 고려할 때 하이브리드 자동차는 앞으로 계속 유지될 미래 자동차의 한 형태로 보인다.

다른 접근법 2
- 수소연료전지차

미래 자동차의 또 다른 대안으로 '수소연료전지차'가 꼽힌다. 수소연료전지차는 전기와 모터의 힘으로 달리므로 근본적으로 전기 자동차다. 그러나 전기 자동차가 배터리에 충전한 전기를 쓰는 것과 달리, 수소연료전지차는 전기를 즉석에서 만들어 쓴다. 연료는 수소이며, 이로부터 전기를 만드는 장치를 '수소연료전지'라고 부른다.

수소연료전지차가 미래 자동차의 대안으로 주목받은 것은 원료인 수소가 가진 장점 때문이다. 수소는 동일 무게의 내연 기관에 비해 약 3배의 열량을 만들어낸다. 현재 1kg의 수소로 100km을 달릴 수 있고 보통 6~7kg 정도의 연료 탱크가 탑재되니, 한 번 주유로

600~700km를 달린다. 다량의 배터리를 탑재한 전기 자동차와 비교할 때 차량의 무게가 많게는 수백kg 더 가볍다.

전기 자동차의 가장 큰 문제점은 충전 시간이 길다는 점인데, 수소연료전지차는 연료 주입 시간이 5분 내외로 짧다. 전기 자동차가 급속 충전을 해도 30분 이상 걸리는 것에 비하면 엄청난 장점이라고 말할 수 있다. 또 전기 자동차와 함께 가장 친환경적인 자동차다. 하이브리드 자동차는 내연 기관을 사용해 온실가스를 발생시키지만, 수소연료전지차는 온실가스를 전혀 발생시키지 않는다. 수소가 산소와 만나 전기를 만들면 남는 건 물 뿐이다.

수소연료전지라고 하니 폭발 등의 위험이 있을 것으로 짐작하나, 사실 전기 자동차보다 더 안전하다. 현대자동차 넥쏘가 2018년 유로 NCAP 가장 안전한 SUV에 선정된 것이 이를 증명한다. 수소 탱크는 충돌시험, 총격시험, 화염시험, 극한온도 반복시험 등 까다로운 시험을 통과해야 한다. 전기 자동차는 화재가 발생했을 때 진압하기 어렵지만, 수소연료전지차는 내연 기관 자동차에서 발생한 화재 수준으로 진압할 수 있다.

수소연료전지차의 구조와 원리는 전기 자동차와 거의 비슷하다.

전기차와 수소차의 **구동 원리**

'수소차' 역시 전기차다. 배터리로 모터를 돌리는가(전기차), 연료전지로 모터를 돌리는가(수소차)의 차이가 있을 뿐이다.

전기차
(Electric Vehicle)

장점
오염 물질 배출 제로
저렴한 충전 비용

단점
긴 충전 시간
수소차보다 짧은 주행 거리

전기차는 발전소에서 만들어진 전기를 배터리에 충전

수소연료전지차
(수소차, Fuel Cell Electric Vehicle)

장점
오염 물질 배출 제로
500~600km 이상 긴 주행 거리

단점
비싼 차량 가격
수소 생산 및 충전 인프라 필요

수소차는 수소를 충전해 차 내부의 연료전지에서 전기를 만들어 사용

© 이코노미 조선

77

전기 자동차에서 배터리를 제거하고, 수소연료전지와 연료 탱크가 달려 있다고 생각하면 된다. 에너지 사용을 극도로 절약하는 회생 제동과 같은 전기 자동차의 기술이 수소연료전지차에도 똑같이 적용된다. 기술적으로 전기 자동차와 함께 성장할 수 있고, 전기 자동차의 치명적인 약점을 보완할 수 있다는 점에서 유력한 미래 자동차이다.

그러나 해결해야 할 과제도 만만치 않다. 주원료인 수소를 다루는 과정이 까다로워서 생기는 문제들이다. 수소 자체의 생산 단가는 많이 저렴해졌다. 천연가스 개질법이나 나프타 분해 등을 통해 현재 1kg 당 5,000원 정도로 생산할 수 있다. 정부는 '수소경제 활성화 로드맵'에서 1kg 당 가격을 2030년 4,500원, 2040년 3,000원으로 발표한 바 있다.

그러나 충전소 건설 비용, 생산한 수소를 충전소까지 이송하는 비용, 충전 인력의 인건비 등이 내연 기관보다 턱없이 많이 든다. 수소 충전소 건설비는 전기 자동차 충전소의 7배, 일반 주유소의 40배에 달한다. 수소 충전소는 하루 평균 60대 정도의 수소연료전지차를 충전할 수 있어 수익 구조도 좋은 편이 아니다.

생산한 수소를 충전소까지 이송하는 비용도 만만치 않다. 수소를 충전소까지 수송하는 수소 튜브트레일러는 1회 운행에 500kg인데, 승용차 80여 대 충전 분량밖에 안 된다. 일반 주유소 탱크로리가 1회 운행에 500~600대를 주유할 수 있는 것과 비교하면 천양지차다. 게다가 수소 충전은 아무나 할 수 없고 교육을 받은 전문 인력이 해야 하므로 인건비 부담도 매우 높다. 이런 모든 고비용 구조들은 수소연료전지차의 보급을 막는 주원인이다.

이 때문에 2000년대 수소연료전지차 보급을 선언했던 미국은 20년이 지난 지금 매우 소극적이다. 현재 미국 자국 자동차 기업 중 수소연료전지차를 판매하는 곳은 없으며, 미국 전역을 통틀어 50개에도 미치지 못하는 수소 충전소가 설치되어 있는 수준이다. 미국뿐만이 아니라 대다수 자동차 기업이 수소연료전지차를 포기하고 전기 자동차로 돌아섰다. 현재 수소연료전지차에 적극적인 기업은 도요타와 현대자동차 두 곳뿐이다. 수소를 다루는 획기적인 기술이 나오지 않는 이상, 수소연료전지차 산업에 극적인 반전이 일어나기는 힘들어 보인다.

수소경제 활성화 로드맵

구분			2022년		2040년
모빌리티	**수소차**		8만 1,000대		620만대
	승용차	핵심 부품 국산화	7만 9,000대	전기차 가격 수준	590만대
	버스		2,000대		6만대
	택시	10대 시범 사업			12만대
	트럭	5톤 트럭 출시		핵심 부품 국산화	12만대
	충전소		310개		1200개
에너지	**발전용**	전용 LNG요금 신설	1.5GW	발전 단가 50%	15GW
	가정·건물용	설치비 1,700만원/kw	50MW	설치비 60만원/kw	2.1GW
수소 생산	연간 공급량		47만t		526만t
수소 가격	(원/kg)		6,000원		3,000원

ⓒ 에너지경제연구원

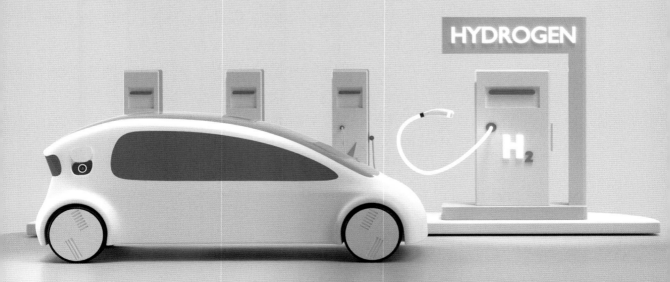

아우디 e퓨얼 생산 설비.
ⓒ 아우디 홈페이지

다른 접근법3
- e퓨얼

자동차가 아니라 연료에 주목해서 자동차의 온실가스 발생을 줄이려는 움직임도 있다. 통칭 'e퓨얼(electro fuel)'이라고 부르는 전기 기반 인공 합성연료가 주인공이다. 쉽게 말해 내연 기관 자동차를 그대로 두고, 연료만 e퓨얼로 바꾸자는 얘기다. 만약 이것이 가능해진다면 현재 보급된 모든 내연 기관 자동차와 그동안 축적한 내연 기관 자동차 인프라를 그대로 활용할 수 있을 것이다.

 e퓨얼은 땅에서 뽑아낸 석유 한 방울 섞이지 않았지만, 촉감과 질감은 휘발유와 비슷한 무색무취의 액체다. 수소와 이산화탄소, 질소 등을 결합해서 인공적으로 만든다. 석유와 화학적 구성이 같아서 가솔린, 디젤과 같은 자동차 연료는 물론이고, 비행기 제트엔진에도 사용할 수 있다. 제조 과정에 전기에너지가 필요하기 때문에 e퓨얼이라고 부른다. 제조 방법에 따라 e-에탄올, e-가솔린, e-디젤, e-항공 등유 등으로

세분화된다.

각종 엔진에 사용하는 연료로써 e퓨얼의 안정성을 확인하는 다양한 시험이 진행 중이다. 2021년 1월 네델란드 암스테르담에서 스페인 마드리드로 가는 여객기에 처음으로 e퓨얼을 사용했다. 당시 e-항공 등유 500L를 일반 항공유와 섞어 사용했는데, 우려와 달리 아무 문제 없이 비행에 성공했다.

단, 아직 경제성이 낮다는 점이 문제다. e퓨얼을 만들려면 고온, 고압이 필요한데 이 과정에 막대한 전기에너지가 필요하다. 대략 100km를 달리는데 필요한 e퓨얼을 만들려면 103kWh의 전력이 필요하다. 이 같은 사정이니 당연히 생산비도 높다. e퓨얼의 L당 3~4유로로, 휘발유 가격의 3~4배에 달한다. 아직 개선이 많이 필요한 기술이라고 할 수 있다.

한편으로는 이런 질문이 나올 수 있다. e퓨얼의 화학적 구성이 석유와 비슷하다면 당연하게도 온실가스를 배출할 테고, 이게 무슨 의미가 있느냐고 말이다. 여기에서 '전 생애주기 평가'(LCA)라는 개념이 등장한다. 가령 전기 자동차가 달릴 때는 온실가스를 전혀 배출하지 않지만, 이것으로만 평가하는 건 제한적이다. 왜냐면 전기를 생산하는 과정, 배터리를 만드는 과정, 자동차 프레임을 만드는 과정, 오래된 차를 폐기하는 과정 등에서 온실가스를 많이 배출하기 때문이다.

p.83 하단 표를 보면 자동차 종류별 LCA를 비교한 그래프가 있다. 이를 보면 전기 자동차나 수소연료전지차는 주행 중에 온실가스를 전혀 배출하지 않지만, 자동차 생산 단계와 연료인 전기에너지를 만드는 단계에서 막대한 온실가스를 배출함을 알 수 있다(온실가스는 탄소로 환산해서 표시).

LCA로 비교하면 전기 자동차나 수소연료전지차가 생각보다 친환경적이 아니라고 생각할 수 있다. 하지만 전기에너지를 만드는 방법, 배터리를 만드는 방법 등은 자동차 산업과는 별개로 계속 개선해 나가야 할 과제다. 자동차 분야로만 본다면 전기 자동차는 여전히 가장 친환경적인 자

e-fuel 및 합성연료 제조·활용 전 과정

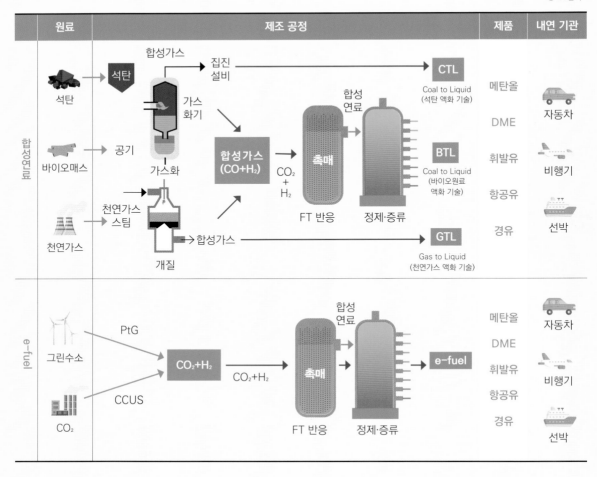

원료	제조 공정	제품	내연 기관

동차가 맞다.

　e퓨얼 진영에서 주장하는 바는 LCA에서 e퓨얼이 기여하는 바가 크므로 친환경적이라는 것이다. 크게 두 가지 면에서 친환경이라고 말할 수 있다. 첫째, e퓨얼은 대기 중의 이산화탄소를 포집해서 연료로 사용하기에 직접적으로 온실가스를 줄인다. 현재까지 가장 진보한 이산화탄소 포집 장치는 나무 50만 그루가 흡수하는 이산화탄소와 맞먹는 이산화탄소를 흡수한다. 즉, e퓨얼을 생산하는 과정이 온실가스를 직접적으로 줄이므로 친환경적이다.

　둘째, 도요타 자동차 연구소에 따르면 엔진 열효율이 50%에 도달한 하이브리드 차량에 e퓨얼을 20% 혼합한 연료를 쓰면 LCA가 전기차보다 낮아진다. 현재 발전소들이 온실가스를 대량으로 생산하고 배터리를 만드는 과정에서 상당량의 온실가스를 만들기 때문에, e퓨얼을 쓴 하이브리드 자동차가 전기 자동차보다 친환경적이라는 주장이다.

무엇보다 e퓨얼은 현재 산업 구조를 거의 바꿀 필요가 없다는 점이 장점이다. 석유 산업으로 성장한 기업들은 자동차 산업 전체가 전기 자동차로 전환했을 때, 그동안 누렸던 지위를 상당 부분 잃게 된다. 따라서 국내외 굴지의 정유사들은 e퓨얼 산업에 기꺼이 거액의 배팅을 하고 있다. 미국의 엑손모빌은 포르셰와 연합해 e퓨얼 테스트를 하는 한편, 탄소 포집 기술에 2025년까지 30억 달러를 투자하기로 했다. 이런 과감한 투자에 힘입어 e퓨얼은 상용화 가능성이 높아 보인다.

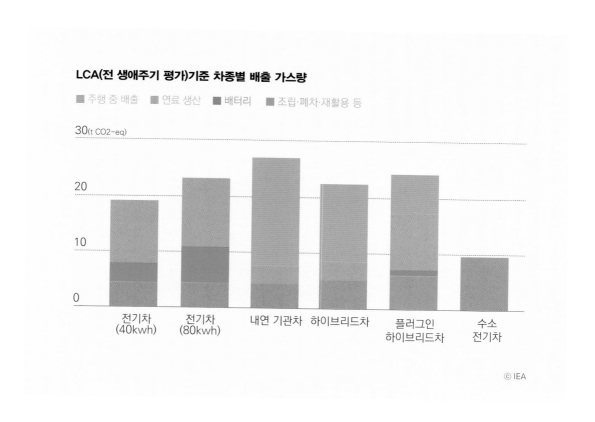

© IEA

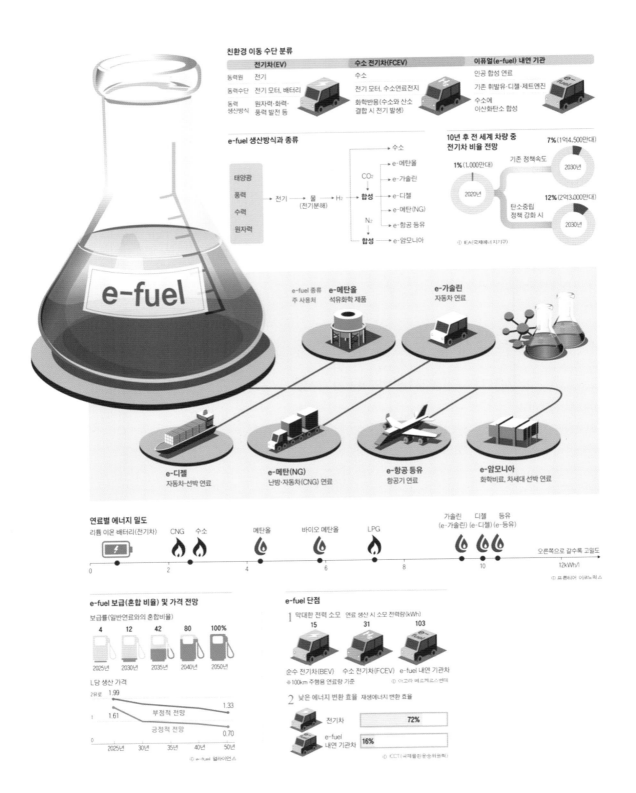

친환경 이동 수단 분류

전기차(EV)	수소 전기차(FCEV)	이퓨얼(e-fuel) 내연 기관
동력원 전기	수소	인공 합성 연료
동력수단 전기 모터, 배터리	전기 모터, 수소연료전지	기존 휘발유·디젤·제트엔진
동력 원자력·화력·	화학반응(수소와 산소	수소에
생산방식 풍력 발전 등	결합 시 전기 발생)	이산화탄소 합성

e-fuel 생산방식과 종류

태양광
풍력
수력
원자력

→ 전기 → 물 (전기분해) → H₂

CO₂ 합성 / N₂ 합성

→ 수소
→ e-메탄올
→ e-가솔린
→ e-디젤
→ e-메탄(NG)
→ e-항공 등유
→ e-암모니아

10년 후 전 세계 차량 중 전기차 비율 전망

기존 정책속도
1% (1,000만대) 2020년
7% (1억4,500만대) 2030년

탄소중립 정책 강화 시
12% (2억3,000만대) 2030년

ⓐ IEA(국제에너지기구)

e-fuel 종류 **e-메탄올** **e-가솔린**
주 사용처 석유화학 제품 자동차 연료

e-디젤 자동차·선박 연료

e-메탄(NG) 난방·자동차(CNG) 연료

e-항공 등유 항공기 연료

e-암모니아 화학비료, 차세대 선박 연료

연료별 에너지 밀도

리튬 이온 배터리(전기차)   CNG   수소   메탄올   바이오 메탄올   LPG   가솔린(e-가솔린)   디젤(e-디젤)   등유(e-등유)

오른쪽으로 갈수록 고밀도
0   2   4   6   8   10   12kWh/l

ⓐ 프론티어 이코노믹스

e-fuel 보급(혼합 비율) 및 가격 전망

보급률(일반연료와의 혼합비율)

4	12	42	80	100%
2025년	2030년	2035년	2040년	2050년

L당 생산 가격

유로 1.99
1.61
부정적 전망 1.33
긍정적 전망 0.70

2025년   30년   35년   40년   50년

ⓐ e-fuel 얼라이언스

e-fuel 단점

1 막대한 전력 소모 연료 생산 시 소모 전력량(kWh)

15	31	103
순수 전기차(BEV)	수소 전기차(FCEV)	e-fuel 내연 기관차

※100km 주행량 연료량 기준

ⓐ 아고라 에너르기엔데

2 낮은 에너지 변환 효율 재생에너지 변환 효율

전기차 72%
e-fuel 내연 기관차 16%

ⓐ ICCT(국제청정운송위원회)

아우디 e-가스 플랜트, 독일 뵐테(Werlte): 2MW 수전해 수소 생산 설비(알칼리 수전해기술), 세계 최대 전기-가스 전환(Power to Gas 실증 단지이다.
ⓒ 아우디 홈페이지

포르쉐가 칠레에 건설하는 e-fuel 플랜트 건설

포르쉐 AG가 지멘스 에너지 및 국제 기업들과 협력해, 칠레 푼타 아레나스에 탄소중립 연료(e-fuel) 생산을 위한 상업 플랜트 건설에 착수한다. 파일럿 플랜트는 칠레 파타고니아의 푼타 아레나스 북부에 건설되며, 2022년에 약 13만ℓ의 e-연료가 생산될 것으로 기대된다.

ⓒ 오토헤럴드

03

미래 자동차는
자율주행으로 간다

/Future Bus
/Sensing
/Communication
/Battery
/Navigation
/Mirrorless
/Ecology

전기전자기술자협회(IEEE)는 2012년 보고서에서 "2040년에는 전 세계 자동차의 75%가 자율주행 자동차가 될 것"이라고 전망했다. 친환경 자동차가 자동차의 외적인 변화라면, 자율주행은 내적인 변화다. 사실 일반 소비자에게 자동차가 어떤 원리로 움직이는지는 크게 중요하지 않다. 내연 기관 자동차가 전기 자동차로 바뀌어도 소비자가 누릴 이득은 별로 없기 때문이다. 도리어 자동차 가격은 더 비싸지고, 충전 시간이 오래 걸려 불편함만 늘어난다.

그러나 자율주행은 자동차의 정의 자체가 달라지는 사건이다. 지금까지 승객이었던 어린이와 노인도 스스로 목적지를 설정해 이동할 수 있는 운전자가 된다. 물류에서 인건비가 제외되면서 획기적인 비용 절감이 일어난다. 운전자의 변수로 발생하는 각종 교통사고가 사라지고, 도로 정체가 줄어든다. 기술적으로 보완해야 할 과제가 많고 사회적 합의도 필요하지만, 미래 자동차는 분명 자율주행으로 가고 있다.

자율주행 기술,
지금 몇 단계?

자율주행 자동차란 운전자의 조작 없이 스스로 운행이 가능한 자동차를 말한다. '무인(無人) 자동차'라는 용어를 쓰기도 하는데, 이보다는 자율주행 자동차가 더 정확한 표현이다. 1960년대 벤츠에서 처음 제시한 개념으로, 이후 기초 수준의 연구가 조금씩 진행되며 발전했다. 초기에는 차선 감지 등 주행 보조의 수단 정도였지만, 컴퓨터와 인공지능 기술이 발달하면서 인간 운전자를 완전히 대체하는 수준의 자율주행을 바라볼 수 있게 됐다.

미국 자동차기술자협회(SAE)는 자율주행 기술을 레벨 0부터 레벨 5까지 6단계로 나눠 구분한다. 레벨 0은 운전자가 모든 조작을 제어하는 상태로, 현재 우리가 아는 자동차 대부분이 여기에 해당한다. 자동차를 이용할 때 편리한 기능들, 예를 들어 브레이크를 밟았을 때 바퀴가 잠기지 않도록 해 주는 ABS 기능이나, 길 안내를 하는 내비게이션 등이 있더라도 이들은 운전에 직접 개입하는 기술이 아니므로 레벨 0이다.

레벨 1은 운전자를 보조하는 수준의 자율주행이다. 비록 보조적이기는 하지만 운전에 직접 개입하는 기술이 쓰인다. 대표적인 기능으로 '크루즈 컨트롤(cruise control)'이 있다. 크루즈(cruise)란 우리 말로 '순항'이라고 쓰며, 고속도로에서 설정만 해 두면 가속 패들이나 브레이크 패들을 밟지 않아도 자동차 스스로 정속 주행하는 기능을 말한다.

이밖에 차선에서 벗어날 경우, 자동으로 차선을 유지하게 해 주는 차선 유지 보조장치도 레벨 1에 속하는 기술이다.

레벨 2는 부분 자동화 수준의 자율주행이다. 현재 가장 진보한 자율주행 자동차가 여기에 속한다. 레벨 1이 운전자를 보조하는 수단이었다면, 레벨 2는 더욱 적극적으로 운전에 개입한다. 목적지를 지정하면 자동차가 스스로 운전을 할 수 있을 정도다. 그러나 이 기술은 아직 완전하지 않아 운전자가 운전대에 항상 손을 올려놓고 있어야 하며, 필요한 경우 직접 운전을 해야 한다. 특히 경사로나 곡선로에서 제대로 작동하지 않는 사례가 다수 보고되고 있기 때문이다.

레벨 3은 조건부 자동화 수준의 자율주행이다. 사실상 이 단계부터를 자율주행 자동차라고 부를 수 있다. 시스템이 직접 운전 조작을 담당하면서, 필요한 경우 운전자에게 운전하도록 요구한다. 많은

인간 →→→→→				→→→→→ 시스템	
Level 0	Level1	Level 2	Level 3	Level 4	Level 5
비자동화	운전자 보조	부분 자율주행	조건적 자율주행	고도의 자율주행	완전 자율주행
운전자가 모든 운전을 담당 (경고 장치 포함)	운전자가 운전 (조향 혹은 감가속 지원)	운전자가 운전 (조향 혹은 감가속 모두 자동화)	운전자가 운전. 단, 제한된 조건에서 자율주행 (운전자 항시 인계)	특정 구간에서는 완전 자율주행	자동차가 모든 운전 (완전 자동화, 운전자 불필요)

	Level 0	Level1	Level 2	Level 3	Level 4	Level 5
주행 중 비상 상황 대처	인간	인간	인간	인간	시스템	시스템
주행 환경 모니터링	인간	인간	인간	시스템	시스템	시스템
책임 주체	인간	인간	인간	인간 or 시스템	시스템	시스템
제어 주체	인간	인간과 시스템	시스템	시스템	시스템	시스템
운전자의 주행 관여 수준						

자동차 기업이 자사의 기술이 레벨 3에 이르렀다고 홍보하지만, 아직 레벨 3에 도달한 상용 자동차는 없다고 봐야 한다.

레벨 4는 고도로 자동화한 자율주행이다. 레벨 3은 종종 운전자의 개입을 요구하지만, 레벨 4에서는 자연재해가 발생한 비상 상황이나 특별한 도로 조건에서만 운전자의 개입을 요구한다. 이 단계에서는 사실상 운전자가 개입할 일이 거의 없어서 진정한 의미의 자율주행 자동차라고 부를 수 있다.

마지막 레벨 5는 완전 자동화 자율주행이다. 레벨 4에서 예외 상황으로 두었던 비상 상황과 도로 조건에서도 시스템이 항상 운전을 담당한다. 레벨 5 자율주행 자동차에서는 핸들이나 가속 패들, 브레이크 패들 등 운전과 관련한 모든 장치가 사라진다. 자동차 실내는 승객이 안락하게 휴식을 취할 수 있는 기능에 초점이 맞춰질 것이다.

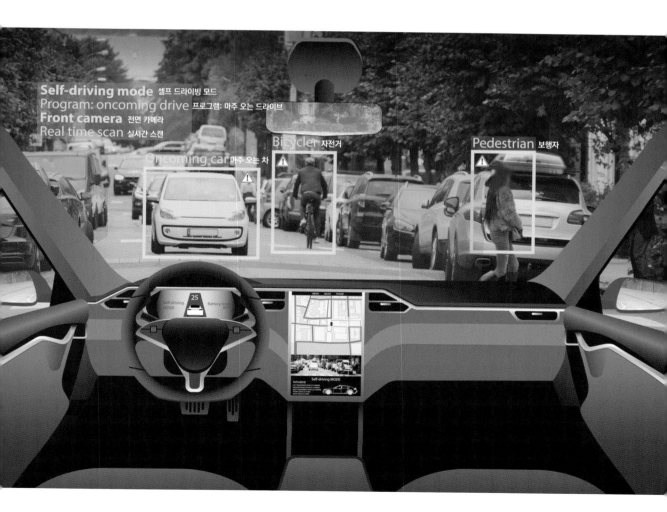

기능별
자율주행 기술

인간 운전자는 운전 중에 어떤 상황을 만나며, 이때 어떤 행동을 할까? 사람의 행동을 이해하면 각각의 상황에 따라 자동차의 자율주행 시스템이 해야 할 기능을 정의할 수 있을 것이다.

어댑티브 크루즈 컨트롤

운전자는 가장 많은 시간을 앞차를 따라 달리는데 보낸다. 특히 고속도로를 통해 장거리 운전을 할 때 더욱 두드러진다. 크루즈 컨트롤은 앞차를 따라 달리는 기능이다. 초기 크루즈 컨트롤이 정속 운행만 할 수 있었다면,

최신 기술인 어댑티브 크루즈 컨트롤은 앞차가 속도를 줄이거나, 다른 차가 끼어드는 경우 환경에 적응해서 능동적으로 속도를 줄이거나 늘릴 수 있다. 위 기능에서 한 단계 발전하여 앞차가 완전히 정차하거나 혹은 출발하면 따라서 정차와 출발을 하는 기능까지 추가되어 등장했다.

크루즈 컨트롤은 고속도로와 같이 장거리 운전을 할 때 매우 유용하다. 차로 유지 보조장치와 결합할 경우, 도로 정체가 생겼을 때 자동으로 앞차를 따라 운전하기 때문에 운전자의 부담이 줄어든다. 다만 아직 완전한 기술이 아니므로 크루즈 컨트롤에 운전을 맡기고 딴짓을 하면 매우 위험하다.

차로 유지

크루즈 컨트롤과 함께 가장 널리 보급된 자율주행 기술이다. 2000년대 처음 등장했을 때는 차선을 이탈하면 운전자에게 경고하는 수준인 '차로 유지 경고(LDW, Lane Departure Warining)'였지만, 2010년대부터 차선을 이탈하면 능동적으로 차로를 유지하도록 해 주는 '차로 유지 보조(LKA, Lane Keeping Assist)'로 진화했다. 또한 2020년대에 들어서면서 차로의 중앙을 유지할 수 있게 해 주는 '차로 중앙 보조(Lane Centering Assist)'로 더욱 발전하고 있다.

차로 유지 시스템과 크루즈 컨트롤이 제대로 결합하면, 고속도로와 같이 변수가 적은 도로 환경에서 매우 기초적인 자율주행을 경험할 수 있다. 다만 급격한 곡선 도로나 경사가 심한 도로 등에서는 오작동하는 경우도 있어 주의가 필요하다.

차선 변경

운전자는 운전하는 도중 종종 차선을 바꾼다. 우회전, 좌회전하기 위해서 차선을 바꾸기도 하고, 앞차가 너무 느리면 추월하기 위해서도 바꾼다. 초보 운

크루즈 컨트롤 기능.

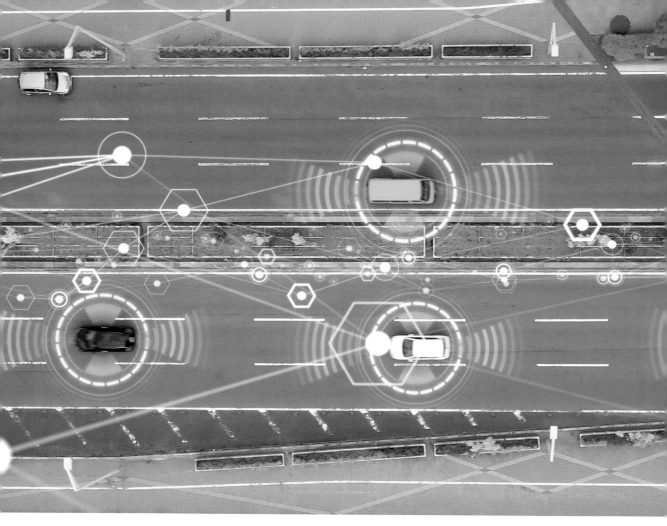

차로 유지 시스템.

전자가 주차와 함께 가장 애를 먹는 분야가 바로 차선 변경이기도 하다. 자율주행 자동차로서도 차선 변경은 어려운 과제다. 앞선 크루즈 컨트롤, 차로 유지와 달리, 차선 변경 기술은 다른 차선에서 달리는 차량의 주행 상태를 정확히 파악해야 하기 때문이다.

이와 같은 이유로 차선 변경까지 제공하는 자동차는 아직 많지 않다. 테슬라의 오토파일럿이 이 분야에서 가장 진보한 기술이며, 캐딜락의 슈퍼크루즈 등이 차선 변경을 제공한다. 현대자동차, 메르세데스 벤츠, BMW는 방향등을 켜면 알아서 차선을 변경하는 기능을 제공하는데, 아직 기술적 완성도는 높지 않다.

이 기술의 연장선으로 공사 구간 통과 기능이 있다. 도로에서 공사를 할 때 교통콘, 교통 드럼 등으로 일부 차선을 막고 다른 차선으로

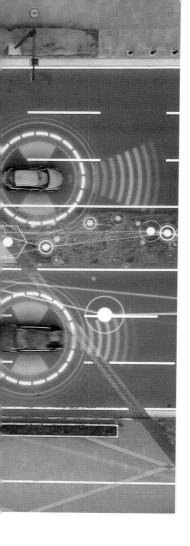

유도하는데 비정형 사물을 인식해야 하므로 일반 차선 변경보다 훨씬 어려운 기술로 평가받는다. 공사 구간에서는 보통 정체 현상도 함께 생기는데 차선에 따라 달리지 않는 '끼어들기' 등이 빈번히 발생해 기술 구현을 더 어렵게 한다.

한편 미국 고속도로안전보험협회(IIHS)는 레벨 2의 자율주행에서 차선 변경 기능을 제외할 것을 권고하고 있다. 이는 기술이 아직 완전하지 않은 상태에서 운전자의 부주의가 늘어날 것을 대비한 조치다. 운전자가 운전에 관여하는 분야가 줄어들면 자연스럽게 운전에 집중하지 않게 되는데, 기술이 아직 인간 운전자를 완전히 대체할 만큼 성숙하지 않았기 때문이다.

교차로 통과

운전자가 맞닥뜨리는 가장 복잡한 상황은 교차로일 것이다. 신호등의 지시에 따라 서거나 출발해야 하는데, 교차로에는 보행자, 자전거, 자동차가 돌발적으로 등장한다. 이들은 종종 신호등의 지시에 따르지 않는다. 또 교차로의 종류도 삼거리, 사거리, 오거리 등 다양하며 회전 교차로도 있다. 변수가 워낙 많은데다 대부분 안전과 직결되는 변수들이라 자율주행 기술 중 가장 어려운 기능으로 꼽힌다.

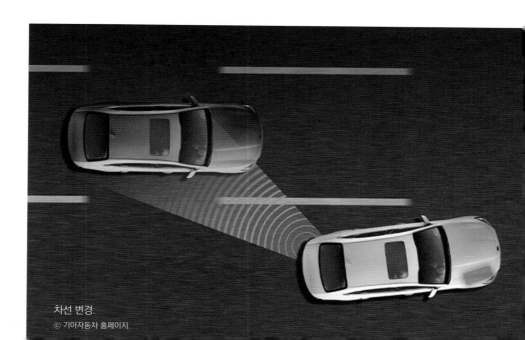

차선 변경.
© 기아자동차 홈페이지

교차로 통과 기술은 선행 차량이 있을 때와 없을 때로 나뉘는데, 선행 차량이 있는 경우가 좀 더 쉽다. 이는 선행 차량이 일종의 조건 역할을 해서 경우의 수를 줄여 주기 때문이다. 선행 차량이 없으면 교차로의 모든 복잡한 상황을 판단해서 어떻게 운전할지 결정해야 한다. 이와 같은 난이도 탓에 아직 교차로 통과 기술까지 도달한 상용 자동차는 없다.

자동 주차

자동차를 목적지까지 운전하고 나면 마지막으로 주차를 해야 한다. 초보 운전자가 가장 어려워하는 운전 기술 중 하나지만, 자동차에서는 비교적 빠르게 이 기술이 적용됐다. 이는 주차 공간과 내 자동차의 크기만 알면 돌발 변수가 없기 때문이다. 도요타 프리우스가 2003년 처음 자동 평행 주차 기술을 선보인 뒤, 고급 자동차에서 많이 제공하고 있다. 수직 주차는 2014년 지프가 처음으로 선보였다.

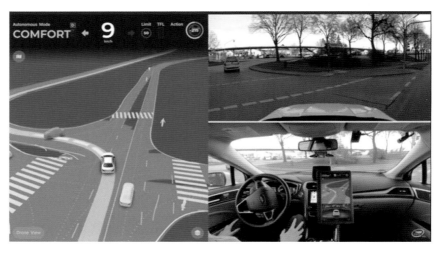

인텔에 인수된 모빌아이는 2020년 12월 15일 자사 기술로 만들어진 자율주행차 테스트 동영상을 공개했다. 모빌아이의 시스템은 8대의 카메라, 12개의 초음파 센서, 그리고 컴퓨터와 함께 전면 레이더를 탑재했으며, 신호등과 도로 표지판을 감지해 교차로를 완전히 자율적으로 다닐 수 있다는 것을 증명했다.

ⓒ 모빌아이 유튜브

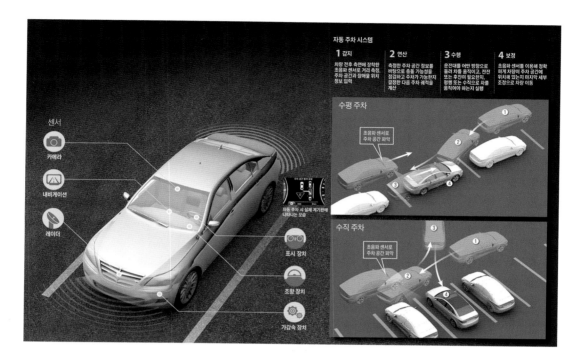

자동 주차 시스템

1 감지
차량 전후 측면에 장착한 초음파 센서로 거리 측정. 주차 공간과 장애물 위치 정보 입력

2 연산
측정한 주차 공간 정보를 바탕으로 충돌 가능성을 점검하고 주차 가능한지 결정한 다음 주차 궤적을 계산

3 수행
운전대를 어떤 방향으로 돌려 차를 움직이고, 전진 또는 후진이 필요한지, 평행 또는 수직으로 차를 움직여야 하는지 실행

4 보정
초음파 센서를 이용해 정확하게 차량이 주차 공간에 위치해 있는지 마지막 세부 조정으로 차량 이동

센서

카메라

내비게이션

레이더

주차 공간 확보 상태
자동 주차 시 실제 계기판에 나타나는 모습

표시 장치

조향 장치

가감속 장치

수평 주차

초음파 센서로 주차 공간 파악

수직 주차

초음파 센서로 주차 공간 파악

자동 주차의 업그레이드로 주차장 무인 이동 기술이 있다. 이는 주차한 자동차를 주인이 호출했을 때 주인이 있는 곳까지 스스로 운전해서 도착하는 기술이다. 과거 인기 미국 드라마였던 '전격 Z작전'에서 주인공이 시계로 차를 부르면 달려오는 장면을 떠올려 보자. 그러나 주차장은 일반 도로와 달리 협소하고 변수가 많기에 기술을 구현하기 어렵다. 주차장 무인 이동 기술은 보통 정밀 실내 지도가 제공되는 장소에 한정해서 운영할 수 있을 것으로 보인다.

자동 주차 시스템은 자율주행자로 가는 前단계로 차량 앞뒤와 좌우 사이드 미러에 초음파 센서를 단 카메라가 장착되어 있어 주변 물체와 거리, 각도를 알아내고 전후방 기어, 운전대 조작 명령이 가능하다.
ⓒ 프리미엄 조선

자율주행 기술의 기본 원리

자율주행 자동차는 기본적으로 '인지-판단-제어'의 3단계를 거치며 작동한다. 자율주행 자동차는 일반 자동차에 비해 월등하게 많은 센서가 달려 있다. 이 센서들이 차량 주변의 환경 정보를 취합해 컴퓨터에 전달하는 과정이 '인지'다. 컴퓨터가 센서에 들어온 정보를 바탕으로 분석해서 어떤 행동을 할지 결정하는 과정이 '판단'이다. 그리고 이 판단에 따라 자동차를 움직이는 것이 '제어'에 속한다.

인지

첫 번째 센서는 레이더(Radar, radio detecting and ranging)다. 초기 어댑티브 크루즈 컨트롤 기능이 달린 자동차를 보면 전면에 투명 아크릴판이 붙어 있었다. 이 아크릴판은 바로 뒤에 있는 레이더를 보호하는 역할을 한다. 레이더에 이물질이 들어가면 오작동하기에 필요하다. 초기에는 최신 기술이 적용된 차라는 홍보 효과가 있었겠지만, 심미

● 자율주행 센서
○ 양산 센서

스테레오 카메라

전방 카메라

GPS

후·측방 카메라

후·측방 레이더

전방 레이더

전·후방 라이다

측방 라이다

자율주행을 위한 각종 센서.
ⓒ 현대자동차

우버 자율주행차에 부착된 센서 장비들

차량의 앞면을 보는 카메라. 교통 신호와 주변 차량, 보행자 정보를 감지

주위 사물을 360도 3차원으로 스캔하는 라이다 장비

차량의 좌우, 뒤쪽의 상황을 감지하는 카메라

GPS 데이터와 위치 정보를 처리하는 안테나

306도 감지가 가능한 레이더

실시간 데이터 처리 장치와 부품의 온도를 낮추는 냉방 시스템

우버 자율주행차에 부착된 센서 장비들. 차량 곳곳에 레이더, 라이다, 카메라가 달려 있다.
ⓒ 한경닷컴

적으로는 디자인을 해친다. 그래서 최근 어댑티브 크루즈 컨트롤 기능을 탑재한 차량은 엠블럼 일체형으로 만드는 등 티 나지 않게 디자인하고 있다.

어쨌든 어댑티브 크루즈 컨트롤 기능을 위해서는 레이더가 쓰인다. 전방으로 전파를 보낸 다음, 되돌아오는 전파를 수신하면 전방 차량과의 거리를 계산할 수 있다. 전파의 속도는 빛과 같기에, 걸린 시간에 빛의 속도를 곱한 다음 반으로 나누면 된다.

두 번째 센서는 라이다(Lidar, light detection and ranging)다. 라이다는 레이더와 비슷하지만, 전파 대신 레이저를 쓰며 한 방향이 아니라 사방으로 발사한다는 점이 다르다. 자율주행 자동차 위에 볼록 솟아 있는 장비가 바로 라이다이다. 라이다는 이 외에도 자동차 전면, 후면, 측면에도 달려 있다. 사방으로 레이저를 발사한 다음 되돌아오는 빛을 분석해서 실시간으로 매우 정밀한 3D 지도를 그려낼 수 있다.

(a) 라이다의 종류

(b) 라이다의 차량 장착 예시

라이다

(c) 라이다로 수집한 주변 물체 인식의 3D 이미지화

LiDAR(라이다)의 종류와 예시. 차량 상부에 장착된 라이다는 회전하며 매우 짧은 주기로 레이저 펄스를 발사하고 물체에 반사되어 되돌아오는 레이저를 감지해 3D 형태로 차량 주변의 물체를 이미지화한다. 사진 속 모델은 구글 자율주행차 '웨이모'에 장착된 벨로다인 라이다로 120M 탐색 범위를 가지며, 360°회전하여 초당 220만 번의 탐색을 수행한다.

ⓒ velodynelidar.com, slashgear.com(재편집), google, 3D print.com, motortrend.com

다른 센서에 비해 신뢰도가 높고 더 정확히 환경을 파악할 수 있다는 장점이 있지만, 가격이 비싼 것이 단점이다. 일반 자동차를 자율주행 자동차로 개조할 때 비용의 대부분을 이 라이다가 차지한다. 전력 소모도 커서 앞으로 대세가 유력한 전기 자동차의 취지와 맞지 않는다는 점, 열이 발생하기에 별도의 냉각 장치를 달아야 한다는 점도 걸림돌이다.

세 번째 센서는 카메라다. 카메라는 너무 보편적인 장비라 센서로 인식하지 못할 수 있지만, 엄연히 센서의 일종이다. 심지어 자율주행 자동차에서는 가장 중요한 센서로 자리매김하고 있다. 예전에는 카메라로 들어온 정보를 파악할 기술이 없었지만, 인공지능 기술이 도입되면서 알 수 있는 정보가 비약적으로 늘어났기 때문이다.

생각해 보면 인간 운전자는 주로 시각을 통해 들어온 정보를 바탕으로 운전한다. 물론 운전자의 시야에 들어오지 않는 사각지대라는 것이 존재하고 사고 발생의 원인이 되기도 하지만, 근본적으로 시각 정보만으로도 운전하기에 충분하다고 말할 수 있다. 만약 인공지능이 고도화해서 인간 수

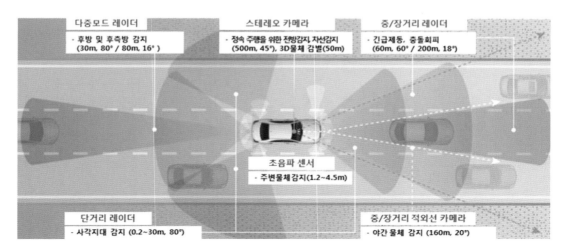

준의 판단을 할 수 있다면 센서는 카메라만으로 충분할 것이다. 이 같은 생각으로 테슬라는 레이더와 라이다 없이 카메라만으로 자율주행 기술을 구현하고 있다.

반면 레이더와 라이다를 부착해 자율주행 자동차를 개발하는 기업에서는 각 센서의 장단점이 뚜렷하기에 모두 사용해야 한다고 주장한다. 함께 써서 한 센서가 다른 센서의 약점을 보완해야 온전한 정보가 된다는 의미다. 카메라는 분

자율주행을 위해서는 여러 종류의 센서가 필요한데, 이 센서들은 크게 라이다, 레이더, 스테레오 카메라, 초음파 센서 등으로 구분되며, 측정 범위(각도와 거리)에 따라 장착되는 위치와 역할이 달라진다. 이 센서들은 자율주행차를 연구하는 제조사에 따라 각각 다양하게 조합돼 장착된다.

© Mercedes-benz

자율주행차 탑재 센서의 장단점

자동차의 센서	장점	단점
카메라	– 인공지능 기술을 접목해 다양한 사물을 분류할 수 있음.	– 속도를 측정할 수 없음. – 우천, 안개 등 악천후 상황에서 인식 능력 떨어짐.
라이다	– 배경과 객체(사물, 사람, 자동차)를 인식해 3차원 공간 내 위치 파악할 수 있음.	– 센서의 비싼 가격. – 레이더에 비해 원거리 인식 능력 떨어짐.
레이더	– 우천, 안개 등 악천후 상황에서 원거리 인식 가능. – 속도를 측정할 수 있음.	– 낮은 분해능으로 사물 분류 불가.

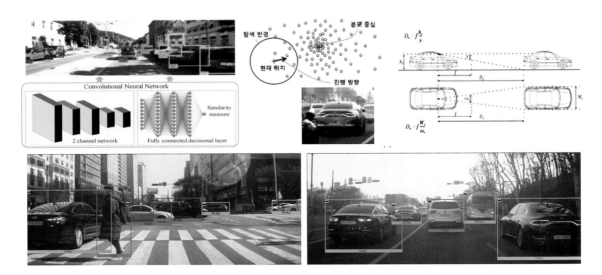

프로센스의 인공지능 구동 플랫폼 개요. 컨볼루션 신경망(CNN, Convolutional Neural Network)을 적용해 '사람이 인지하는 것과 유사한 방식'으로 실시간 인식 기반의 자율주행 제어를 구현한 것이다. 프로센스의 알고리즘은 현대자동차, 볼보 등 세계 여러 자동차 시스템에 적용되고 있다.

ⓒ 인공지능 신문

류 정확도는 우수하지만, 속도 정확도에는 레이더에, 위치 정확도는 라이다에 미치지 못한다. 레이더와 라이다가 고가의 장비임에도 이를 고집하는 이유가 있다는 것이다.

판단

자율주행 자동차 초기에는 모든 판단을 인간이 직접 설계해서 넣어 줘야 했다. 예를 들어 '만약 내 차의 속력이 60km 이하인데, 앞차와의 거리가 50m 이하로 차간 거리가 점점 가까워지고 있다면, 브레이크를 작동해.'라는 식이다.

그러나 실제 도로 상황에서 발생하는 변수는 너무 다양해서 일일이 찾아 대응하는 프로그램을 짜기 어렵다. 실제로는 거의 발생할 가능성이 없는 작은 변수일지라도 하나라도 놓쳐서는 안 된다. 일반 프로그램과 달리 자동차의 프로그램은 안전과 직결되며, 단 한 번의 사고로도 소중한 생명을 빼앗을 수 있기 때문이다.

인공지능 기술이 최근 비약적으로 발전하면서 자율주행에도 인공지능 기술이 도입되고 있다. 가장 큰 변화는 카메라를 통해 들어온 이미지 데이터 분석이다. 여러 대의 카메라를 사용해 다중 시점을 구현하면 주변 환경의 3D 정보까지 추출할 수 있다. 사람의 눈이 두 개라서 사물까지의 거리를 인지할 수 있는 원리와 같다.

인공지능 기술 중 인간의 시신경을 모방한 '컨볼루션 레이어' 기술을 쓰면, 이미지를 여러 층의 맵으로 변환해 영상 내의 물체가 어떤 물체인지 분류할 수 있다. 또 차량의 위치가 정확히 어디인지 알아내는데도 인

SLAM 적용 사례

자율주행 자동차는 레이더, 라이다, GPS카메라 등 다양한 센서를 통해 주변 환경의 자료를 수집하고 자신의 위치를 파악한다. 이렇게 알아낸 정보들을 바탕으로 지도를 만들어 내며, 그 지도를 토대로 목적지까지 안전하게 운행한다.

공지능 기술을 쓴다. 보통 GPS로 좌표를 알아내면 대략적인 위치를 파악할 수 있다. 그런 다음에 다른 자율주행 자동차가 앞서 다니면서 만든 3D 지도와 현재 내 차가 생성하는 3D 지도를 비교해 내 위치를 정밀하게 파악한다. 이 기술은 SLAM(Simultaneous localization and mapping)이라고 부르며 인공지능 기계학습이 필요하다. 눈이나 비가 오는 환경에서도 정확한 위치를 찾아내 자율주행에 도움을 준다.

제어

판단을 내렸다면 마지막 단계는 자동차를 조종해서 움직이는 일이다. 사실 자동차는 조종해야 할 요소가 그리 많지는 않다. 인간 운전자는 핸들과 가속 패들, 브레이크 패들만으로 운전한다. 그러니 갈지 멈출지와 얼마나 빠르게 달릴지를 결정하고, 핸들을 어느 순간에 어느 각도로 돌려야 할지를 정해서 그대로 동작하게 만들면 된다. 물론 차선을 바꾸기 위해 방향지시등을 켜고 끄는 등의 소소한 동작도 부가적으로 필요할 것이다.

여기에서 중요한 건 타이밍이다. 시속 100km로 달리는 자동차는 1초만 느리게 브레이크를 밟아도 약 30m를 더 나간다. 백 분의 1초라도 빠르거나 느리면 안 되고 정확히 그 순간에 동작해야 한다. 인지, 판단, 제어의 과정을 물 흐르듯 자연스럽게 수행하려면 고성능 컴퓨터가 필수다.

최근에는 인지-판단-제어를 한 번에 수행하는 인공지능 기술이 등장했다. 기본 원리는 인간 운전자의 운전을 모방하는 거다. 이는 이세돌 9단과 바둑을 둔 알파고에서 쓴 방식이기도 하다. 이전까지는 바둑의 규칙을 입력한 뒤, 수많은 경우의 수를 일일이 넣어 보며 최적의 수를 찾는 방식으로 바둑 인공지능을 개발했다. 체스나 장기는 경우의 수가 많지 않아 가능했지만, 바둑은 경우의 수가 너무 많아 이런 식으로 프로그램을 만드는 일이 불가능했다.

알파고는 기존 방식이 아니라 인간이 바둑을 둔 기보를 바탕으로

인공지능 바둑 프로그램인 구글 알파고(왼쪽 로고)와 바둑 대국을 벌이며 첫 수를 놓고 있는 이세돌 9단.

© 구글

스스로 학습하면서 성장한 인공지능이다. 이렇게 기계가 스스로 학습하며, 인간의 신경망과 유사하게 전개되는 인공지능을 '딥러닝'이라고 부른다. 딥러닝 방식의 인공지능은 왜 그 수가 최적인지 설명할 수는 없지만, 결론적으로 최적인 수를 찾아낼 수 있다.

인간 운전자는 거의 시각 정보에만 의존해서 운전하지만, 꽤 안정적이다. 만약 인간 운전자에게 "왜 그 상황에서 그렇게 운전했냐"고 물어보면 "잘 설명하기는 어렵지만 어쨌든 그렇게 하는 것이 최선이었다."라고 말할 것이다. 그러니 인간이 이런 상황에서 핸들은 이만큼 돌리고, 가속 패들은 이 정도로 밟아야 한다고 인공지능에 알려 주는 것이다. 양질의 운전 데이터가 많을수록 학습의 정확도는 더 높아지고 인간처럼 운전할 수 있게 된다. 인지, 판단, 제어 시스템이 따로 독립적으로 존재하는 것이 아니라, 동시에 학습하고 동시에 작동한다.

그래픽 카드 제조사로 유명한 엔비디아는 오래전부터 자율주행 기술에 참여해 왔다. 이는 딥러닝을 하는데 강력한 GPU가 필수이기 때문이다. 엔비디아는 72시간에 해당하는

차량 제어를 위한 주요 응용 기술의 예

구분		기술명	내용	예시	기반기술
ADAS (운전자 보조)		운전자 졸음 경고 (Driver Drowsiness Alert) / 운전자 상태 감시(Driver Status Monitoring)	운전자의 얼굴 모니터링 및 피로도, 심박수, 음주 여부 등 현재의 상태 감시		영상 인식, HM
		사각지대 감지(BSM: Blind Spot Monitoring)	차량의 사각지대의 물체 감지		근거리 RADAR, 초음파 센서
		주차 보조장치(PAS: Inteligent Parking Assis System)	주차 공간 인식, 자동 주차		초음파 센서, 근거리 RADAR
		적응형 상향등 제어(AHBC : Adaplive High Beam Control)	야간 주행 시 상황에 따른 자동 전조등 제어		카메라 영상 인식, RADAR
		야간 시각(NV: Night Vision)	야간 물체 인식		적외선 카메라
운전자 보조	자율 주행 기술	차선 이탈 경보장치(LDW: Lane Departure Warning)	주행 중 차선 이탈 시 운전자에게 경고 또는 조향 제어		카메라 영상 인식
		차로 유지 지원장치(LKAS: Lane Keeping Assist System)			
		차간거리 유지장치 (ACC: Adaplive Cruise Control)	차간거리 및 정속 주행 유지		LDAR, RADAR, 스테레오 카메라
		자동제동장치 (AEB : Autonomous Emergency Braking)	전방의 차량 및 장애물에 대한 인식, 사고발생 예측 및 제동 제어		LDAR, RADAR, 초음파 센서
		교통 신호 인식 (TSR : Traffic Sign Recognition)	신호등 인식 및 표지판 인식		카메라 영상 인식
		전후방 모니터링 (Front and Rear Vehide Montoring)	자동차, 전방 및 후방의 상황 감지		카메라 영상 인식, 근거리 RADAR 초음파 센서
운전자 보조	자율 주행 기술	보행자 감지 (PD : Pedestrian Detection)	보행자 감지		스테레오 카메라, 근거리 RADAR LDAR 초음파 센서, 적외선 카메라
		충돌방지(회피) 시스템(Collsion Avoidance System) / 교차로 충돌 회피 시스템(Intersection Collision Avoidance System)	차량의 충돌을 예측하고 제동 또는 회피하는 시스템		근거리 RADAR 카메라 영상 인식, LDAR

위 기술들은 모두 운전자 보조 기술(ADAS)에 포함되는 경우이며, 자율주행에 응용될 수 있다. 그 중에서 특히 LKAS, ACC, AEB, TSR, PD, CAS 등은 완전한 자율주행이 실현되기 위해서 반드시 필요한 기술이다. 이와 같은 다양한 차량 제어 시스템이 적용되면, 보다 다양한 상황에서 지능적으로 대체할 수 있고 비로소 완전한 자율주행차가 완성된다.

NVIDIA vGPU IT 인프라.

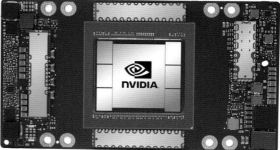

엔비디아의 A100 GPU
엔비디아는 A100 GPU 벤치마크테스트(BMT) 결과 전작에 비해 고
성능컴퓨터(HPC) 성능은 최고 2.5배, 인공지능(AI) 애플리케이션 적
용 시 성능은 최고 20배나 높은 것으로 나타났다고 밝혔다.
ⓒ NVIDIA(엔비디아) 홈페이지

수동 운전 데이터로 인공지능을 학습시켜서 약 10마일 거리의 고속도로를 운전자 개입 없이 자
율주행하는 실험에 성공했다.

* GPU(Graphics processing unit): 컴퓨터에서 그래픽 연산을 빠르게 처리해 주는 장치. CPU와 달리
  병렬 처리 능력이 뛰어나 최근 인공지능 머신러닝에 많이 쓰이고 있다.

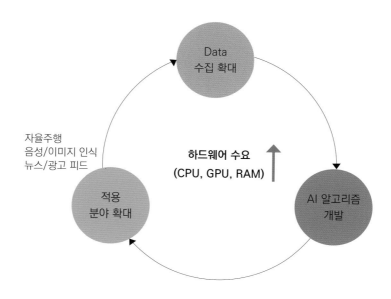

엔비디아 데이터 센터

방대한 데이터를 가지고 딥러닝 학습을 할 경우 몇 주 동안의 시간이 걸릴 수도 있는데 GPU를 활용하면 CPU로만 작업하는 것보다 훨씬 빠른 작업이 가능하다. 결국 데이터 크기가 커지고 딥러닝 알고리즘이 정교해질수록 성능이 좋은 많은 개수의 GPU가 필요하게 된다.

ⓒ NVIDIA(엔비디아) 홈페이지

기업별
자율주행
접근법

현재 자동차를 대량 생산하는 기업 중에서 자율주행 자동차 연구를 하지 않는 기업은 거의 없다고 해도 무방하다. 여기에 더해 이전까지는 자동차와는 무관해 보였던 IT 기업들도 자율주행 연구에 뛰어들었다. IT 기업들이 자율주행 자동차에 뛰어든 이유는 자율주행 기술의 핵심이 IT 기술이기 때문이다. 기업의 태생이 무엇이냐에 따라 자율주행에 접근하는 방식은 다소 다르게 나타난다.

자율주행 자동차 개발 협력 관계도

GM
젠틱스, 리프트

아우디
TT테크, 쿼너지, 델파이

BMW
인텔, 바이두, 콘티넨탈

루시드

폭스바겐
콘티넨탈

현대
시스코, 만도, 덴소

PSA
톰톰

르노-닛산
나사, TRW, 히타치, 파나소닉

볼보
델파이, 오토리브, 쿼너지, 에이다스웍스

모빌아이

자율주행차 기술업체

엔비디아

아우디
TT테크, 쿼너지, 델파이

포드
벨로다인, 마그나, IBM

테슬라

다임러
보쉬, 오토리브, 쿼너지

볼보
델파이, 오토리브, 쿼너지, 에이다스웍스

구글

혼다
파나소닉, 히타치

FCA

도요타
도시바, 파나소닉, 프리퍼드네트웍스, 히타치, 콘티넨탈, 덴소

ⓒ 인사이터스

전통 자동차 기업

인공지능이 폭발적인 성장을 하기 전부터 자율주행 기술은 존재했었다. 앞차를 따라 정속 운행하는 크루즈 컨트롤 기능이 대표적이다. 자동차 기업이 자율주행에 접근하는 방식은 기존에 있던 크루즈 컨트롤의 기능을 계속 발전시키는 방향이다. 즉 새로운 기능을 추가하기 위해 새로운 센서와 구동부를 부착하고, 그 값에 따라 최적의 명령을 수행하는 프로그램을 만드는 식이다.

제너럴 모터스(GM)는 자사 자동차의 상위 모델에 자율주행 기술을 적용하고 있다. GM은 자사의 어댑티브 크루즈 컨트롤을 '슈퍼크루즈'라는 명칭으로 부르는데, 차선 변경을 할 때 전방의 장애물과 측후방의 다른 자동차를 탐지해 안전하고 정확하게 수행하는 기술을 선보였다. 슈퍼크루즈는 여기에 그치지 않고, 운전자의 운전 습관, 도로 상황 등을 스스로 학습하며 발전한다고 한다.

현대자동차는 프리미엄 브랜드인 제네시스를 시작으로 자율주행 기술을 적용하고 있다. 최근 운전자 없이 자율주행하는 시험을 잇

GM 슈퍼크루즈 기능이
탑재된 캐딜락.
ⓒ 모터그래프

현대기아차는 운전자 주행 성향에 맞춰 자율주행 기술을
구현한 '스마트 크루즈 컨트롤'기능을 개발했다. 이 기능은
앞차와의 거리를 일정하게 유지하면서 원하는 속도로 주행
하도록 도와 주는 주행 편의 시스템이다.
ⓒ 현대자동차

달아 성공해서 기대감을 높이고 있다. 2016년 공공도로 4km를 운전자 개입
없이 자율주행한 데 이어, 2018년 서울에서 평창까지 고속도로를 최고 시속
100km로 달리기도 했다. 2019년 미국의 자율주행 기술 전문기업인 앱티브
와 합작해 모셔널이라는 법인을 세우고, 자율주행 전문기업인 오로라에 투자
하는 등 자율주행 자동차 개발에 박차를 가하고 있다.

자동차 기업 + IT 기업

현대자동차의 예에서 볼 수 있듯 자동차 기업은 기존 자사의 기술만으로 자
율주행 기술을 완성하는 데 한계가 있다는 점을 인식하고 적극적으로 IT 기
업들에 손을 내밀고 있다. IT 기업들도 자동차 기업과 협력을 아끼지 않고 있
는데, 양측의 이해관계가 맞아떨어지기 때문이다.

첫째, IT 기업은 완성차를 만들 역량이 없다. 완성차 제조는 거대 생산 라

인 구축이 전제돼야 가능한데 이를 단기간에 구축하는 건 사실 불가능하다. 둘째, IT 기업이 자율주행 기술의 완성도를 높이려면 방대한 실주행 데이터가 필요한데 스스로는 한계가 있어 매우 제한적인 데이터밖에 얻을 수 없다. 자동차 기업의 전장 일부를 담당하며 방대한 데이터를 수집하면서 서비스 완성도를 높이고, 결국 자동차 기업에 해당 부품과 서비스를 납품하는 형태로 전개될 가능성이 매우 크다.

지금은 서로 손을 잡고 있지만, 나중에 어떻게 변할지 지켜보는 것도 흥미진진한 요소다. 자동차 기업은 자율주행에서 주도권을 절대 IT 기업에 넘기지 않으려 할 것이 분명하다. 더 나아가 자율주행 기술을 자사의 기술로 내재화하고 싶을 것이다. 반면 IT 기업은 기술만 고스란히 빼앗기는 상황을 원하지 않을 것이므로, 앞으로 견제 및 선 긋기가 치열하게 벌어질 가능성이 크다.

엔비디아 드라이브 PX 2.

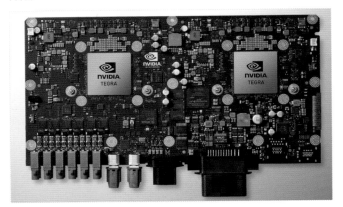

그래픽카드로 유명한 엔비디아는 자율주행 인공지능에 자사의 칩셋을 사용하는 것을 목표로 상당한 투자를 해 왔다. 그 열매로 자율주행 전용으로 만든 '엔비디아 드라이브 PX' 시스템을 현재 아우디, 벤츠 등 다수 업체가 쓰고 있다. 가장 잘 할 수 있는 분야에 집중하면서 가장 큰 시장을 노리는, 어찌 보면 가장 똑똑한 행보를 보인다고 평가할 수 있다.

모빌아이는 라이다를 쓰지 않고 카메라만으로 자율주행을 구현하는 기술을 보유한 기업이다. 테슬라와 잠시 함께했다가 결별

인텔 자회사 모빌라이 최고경영자 암논 샤슈아(Amnon Shashua).
ⓒ 인공지능 신문

했는데, 테슬라의 현재 자율주행 기술에 큰 영향을 준 것으로 보인다. 현재는 인텔이 인수해 인텔 모빌아이가 됐으며, 폭스바겐, BMW, 닛산과 공급 계약을 맺고 실주행 데이터를 축적하고 있다. 주도권을 내주고 싶지 않은 자동차 기업과 어떻게 관계를 조율해 나갈지가 중요한 과제로 보인다.

구글 웨이모

IT 기업이면서 독자적인 행보를 보이는 기업이 있다. 구글은 자동차 기업이 아니면서도 자율주행 자동차에 가장 근접한 기업으로 뽑힌다. 2009년 구글은 도요타의 일반 차량을 개조해서 자율주행 시험 자동차를 개발하고, 다양한 시범 주행을 해 왔다. 구글이 시범 주행한 거리는 2,000만 마일(약 3,200만 km)이 넘는다. 그리고 2016년 말에 '웨이모'라는 자회사를 설립해 자율주행 부문을 독립시켰고 현재까지 이르고 있다.

웨이모는 2017년 미국 애리조나 피닉스에서 자율주행 택시 시범 서비스를 시작했고, 이듬해인 2018년 상업화해 승객에게 돈을 받기 시작했다. 초기에는 운전석에 안전 요원이 탑승했는데, 이 안전 요원은 그냥 자리에 앉아 있기만 하고 사실 아무 일도 하지 않는다. 2020년 안전 요원이 탑승하지 않은 택시 서비스를 공식적으로 시작했다. 아직 피닉스라는 제한된 공간에서 서비스하고 있지만, 자율주행이 상당수 구현됐다고 볼 수 있다. 다만 웨이모 택시가 교통체증을 일으킨다는 뉴스도 나오는 등 아직 완성 단계라고 보기에는 이르다.

웨이모의 자율주행 자동차에는 라이다, 레이더, 카메라가 구석구석 달려있어 자동차가 움직이면서 주변을 탐색해 고해상도 3차원 지도를 그린다. 자율주행 자동차가 많이 다닐수록 지도의 정확도는 더 높아진다. 컴퓨터는 사물과 사람, 자동차 등을 구분하고 지도 내에서 자신의 위치를 정확히 파악해서 최적의 경로로 주행한다. 방대한 데이터를 실시간으로 처리해야 하므로 고성능 컴퓨터가 필수다.

많은 센서와 고성능 컴퓨터가 필

웨이모 캘리포니아 공공도로에서 자율주행 승인을 받았다.
ⓒ 구글맵

구글 웨이모 자율주행 트럭.
© JB헌트

요해 대당 가격이 높다는 점이 부담스럽다. 물론 웨이모는 자동차 판매 기업은 아니지만, 서비스 운영을 하더라도 대당 단가는 매우 중요한 요소다. 또 시험 주행으로 지도가 생성된 지역에서만 자율주행이 가능하다는 점도 단점이다. 지도가 완성된 지역에서는 레벨 3 이상의 자율주행 능력을 보이지만, 지도가 완성되지 못한 지역에서는 자율주행을 할 수 없다. 웨이모의 방식은 매우 조심스럽고 안전을 담보하지만, 제대로 된 서비스를 하기까지 많은 시간이 걸릴 것으로 예상된다.

웨이모는 2018년부터 승객 대신 화물을 실어 나르는 자율주행 트럭을 연구하고 있다. 미국에서는 장거리 수송을 담당하는 운전자를 구하기 어렵다. 미국화물운송협회의 2019년 보고서에 따르면 대형 화물차 운전기사는 수요보다 약 6만 명이 부족한 상황이다. 이에 자율주행 트럭은 운전사 부족에 관한 좋은 대안이 될 것으로 보인다. 고속도로를 이용해 물류센터에서 다른 물류센터로 옮기는 일은 도시에서 승객을 태우고 목적지까지 이동하는 일보다 기술적으로 훨씬 쉽다. 다만 미끄러운 도로, 강풍, 안개 등의 변수를 고려해야 하는 만만찮은 과제가 남아 있다.

우버

승차 공유 서비스로 알려진 우버는 자율주행 자동차 기술에 매달렸던 IT 기업이다. 2015년 이후 10억 달러 이상을 투자했다고 알려졌다. 그러던 우버가 2020년 말, 자율주행 사업 부문 자회사인 어드밴스드 테크놀로지스 그룹(ATG)을 오로라에 매각하면서 철수했다. 여기에는 다양한 이유가 있다. 우선 코로나19 상황이 장기화하며 우버 자체의 수익성이 악화한 점, 2017년 구글 웨이모의 기술 유출로 제소된 점, 그리고 결정적으로 2018년 우버의 자율주행 트럭이 사람을 치는 사고를 일으킨 점을 들 수 있다. 우버는 주주들의 압박에 결국 ATG 매각을 결정했다.

우버 자율주행 택시 사망사고.
© SBS

우버로부터 ATG를 인수한 오로라는 2017년 설립한 직원 600명 규모의 스타트업 기업이다. 직원이 600명인 회사가 1,200명 직원의 ATG를 인수했으니, 새우가 고래를 삼켰다는 말이 나올 만하다. 단 오로라의 기술력은 우버에 뒤지지 않는다는 평가를 받는데, 구글 자율주행 부분을 지휘했던 크리스 엄슨, 테슬라의 자율주행 기술을 개발한 스틸링 엔더슨이 오로라의 공동 창업자이다. 이런 기술력을 보고 미국의 아마존과 현대자동차도 오로라에 투자했다.

승차 공유 서비스에서 우버에 이어 2위 기업인 리프트도 우버처럼 자율주행 자동차를 연구하고 있었는데, 2021년 도요타 자회사인 위븐 플래닛에 자율주행 사업 부문을 매각했다. 이로써 승차 공유 서비스 기업들의 자율주행 자동차 연구는 막을 내렸다. 다만, 우버는 이 사업에서 완전히 발을 빼지는 않았다. 오로라에 자율주행 사업 부문을 40억 달러에 매각한 동시에 4억 달러를 투자해 주식 지분의 26%를 확보했다. 추후 다시 뛰어들 여지를 남겨 둔 셈이다.

초기 IT 기업은 자동차 판매가 아닌 서비스로 수익 모델을 만들 생각이었다. 승객과 화물을 실어 나르는 운송 서비스에

리프트가 미국에서 운행하고 있는 현대자동차 쏘나타.

서 인간 운전자를 대체하면 그만큼 비용을 절감할 수 있을 것이다. 또한 자율주행 플랫폼을 자동차 기업에 판매하는 형태의 사업도 생각했을 지도 모른다. 많은 사람이 플랫폼을 이용할수록 서비스의 영향력과 수익이 늘어날 테니 말이다.

그러나 실제 서비스에 이르기까지 기술적, 사회적으로 도달해야 할 수준이 멀어 보이자, 독자 행보를 보였던 IT 기업도 자동차 기업과 협력하는 방향으로 돌아서고 있다. 우버와 리프트가 사업 부문을 매각한 데 이어, 최근 웨이모는 볼보와 함께 차량 공유사업의 용도로 자율주행 전기 자동차를 공동 개발하기로 했다.

테슬라

2003년 창업한 테슬라는 강력한 IT 기술을 기반으로 두고 있으면서 전통 자동차 기업처럼 완성차를 생산하는 특이한 행보를 보이는 기업이다. 2003년 창업한 테슬라는 2007년 투자자였던 일론 머스크가 대표로 취임하면서 혁신적인 행보를 시작했다. 2008년 최초의 전기 스포츠카인 테슬라 로드스터를 출시해 주목을 받았고,

테슬라 모델S.

2012년 세단형 전기 자동차인 모델S를 출시했다.

초기 테슬라를 향한 전망은 매우 부정적이었다. 내연 기관 자동차 없이 전기 자동차로만 승부를 보겠다는 발상 자체가 전기 자동차 인프라가 거의 구축되지 않은 당시에는 엄청난 모험이었다. 이와 같은 예상은 상당 기간 거의 맞는 것처럼 보였다. 창립 이래 2017년까지 누적 적자가 46억 달러에 달하자 많은 사람이 기업의 생존 자체에 의구심을 표하기 시작했다.

그러나 몇 년 전부터 출시 모델이 늘어나고 생산량이 안정화되는 등 기업의 행보가 서서히 안정적으로 접어들기 시작했다. 전기 자동차 및 자율주행 자동차 분야에서 항상 선도적인 기술을 선보인데다, 전통 자동차 기업으로 출발하지 않았음에도 대량 생산이 가능하다는 걸 실적으로 증명하자 사람들의 인식이 바뀌기 시작했다. 테슬라의 가치는 폭발적으로 치솟아 2021년 12월 기준, 테슬라는 자동차 기업 최초로 시가 총액 1조 달러의 기업이 됐다.

테슬라의 자율주행 기능인 '오토파일럿'이 공개된 건 2014년이다. 이때부터 테슬라는 자율주행 개발에 많은 투자를 해 왔다. 테슬라 자동차는 타 자율주행 자동차와 달리 레이더나 라이다를 쓰지 않고 8대의 카메라만으로 자율주행을 구현한다. 테슬라의 주장은 인

테슬라 오토파일럿 기능으로 주행 중인 차량.
ⓒ 모터팩트

간이 2개의 눈만으로 운전을 할 수 있으므로 8대의 카메라이면 충분하다는 것이다. 이 주장에는 전문가들의 의견이 조금씩 엇갈린다.

테슬라의 자율주행 기술은 상용차 중에서 가장 진보했다고 평가받는다. 실제 사용자들은 특별한 상황이 아니라면 맡겨도 될 만큼 상당한 운전 실력을 보인다고 말한다. 테슬라는 이 서비스에 '완전 자율주행(FSD, Full Self Driving)'이란 이름을 붙여 1만 달러의 옵션으로 판매하고 있다. 하지만 이름과 달리 완전 자율주행은 아니다. 테슬라가 구사하는 자율주행 단계는 2단계에 해당하며, 운전자가 항상 핸들에 손을 올려놓고 있어야 한다.

테슬라 자율주행의 최대 강점은 시판된 자동차를 바탕으로 그 누구보다 많은 주행 데이터를 확보할 수 있다는 점이다. 2020년 초 구글 웨이모가 1,000여 대의 자동차로 약 2,000만 마일(약 3,200만 km)의 실제 도로 데이터를 축적했다고 발표했는데, 테슬라는 같은 시기 30억 마일(약 48억 km)의 주행 데이터를 가지고 있었다. 자율주행 기능이 달린 자동차를 그 누구보다 많이 팔았기에 가능한 일이다.

테슬라의 자율주행 기능은 소프트웨어 업데이트를 통해 지속적으로 개선되고 있다. 새로운 차를 사야만 최신 기술을 체험할 수 있는 다른 자동차 기업과 달리, 테슬라 자동차 운전자는 소프트웨어가 업데이트될 때마다 추가 비용 없이 새로운 서비스를 이용할 수 있다. 테슬라 대표인 일론 머스크는 '완전 자율주행' 서비스를 구독 형태로 출시할 것이라 발표했는데, 2021년 7월부터 매월 99달러 또는 199달러의 가격으로 판매를 시작했다.

자율주행의
기술적 허들

자율주행 자동차는 아직 도달하지 않은 미래의 기술이다. 적어도 레벨 3에 도달해야 자율주행 자동차 기술이 구현됐다고 말할 수 있는데, 현재 상용차 중 가장 진보한 테슬라도 레벨 2에 머무르고 있다. 구글 웨이모가 레벨 3 이상을 구현한다고 말할 수 있지만, 고정밀 지도 데이터가 구축된 지역에 한정해 운행하므로 아직 기술에 도달했다고 말할 단계가 아니다.

2010년대 중반 인공지능 기술이 급격히 발전하면서, 특히 이미지 분석 기술이 발전하면서 자율주행 자동차가 금방이라도 가능할 거라는 전망이 쏟아져 나왔다. 불과 몇 년 전까지 개와 고양이도 구분하지 못했던 인공지능이 갑자기 온갖 사물을 구분할 줄 알게 된 것이다. 사람처럼 사물을 구분할 수 있다면 도로 위의 다양한 사물들을 구분해 자율주행 기술을 구현하는 것도 문제가 없지 않을까. 가능성이 보이자 자동차 기업, 다국적 IT 기업 모두가 너나없이 자율주행 기술에 뛰어들었다.

그로부터 10여 년이 지난 지금, 자율주행 기술에 관한 초기의 흥분은 많이 가라앉았다. 승차 공유 서비스로서 자율주행 기술에 뛰어든 우버와 리프트는 막대한 금액을 투자했으나 결국 사업에서 철수했다. 구글 웨이모는 아직도 갈 길이 멀다는 사실을 인지하고 2021년 25억 달러(약 2조 8,000억 원)의 투자금을 추가로 유치했다. 자율주행 기술을 제대로 구현하는 일이 결코 만만치 않다는 증거다.

자율주행 기술 개발은 흔히 '긴 꼬리 문제(long tail problem)'로 비유한다. 즉, 90%까지는 비교적 쉽게 도달하지만, 99%까지 도달하기가 쉽지 않고, 99.9%까지 도달하려면 더 어려우며, 99.99%까지 도달하려면 이보다 훨씬 더 어려운 문제를 말한다. 처음 보기엔 쉽게 도달할 것처럼 보였지만, 가면 갈수록 어려워지는 문제라고 할 수 있다. 일반적으로 다른 분야라면 99.99%이면 완성 단계라고 말할 수 있다. 그러나 사람의 생명과 바로 직결되는 자율주행에서는 0.01%의 수치도 결코 무시할 수 없다.

자율주행 자동차를 구현하려면 실제 상황에서 다양한 테스트를 하고, 이를 통해 얻은 데이터로 수정하기를 반복하는 과정이 필수다. 자율주행에 뛰어든 여러 기업이 이 과정에서 다양한 사고를 발생시키며 시행착오를 겪고 있다.

테슬라

테슬라는 자율주행 기능이 있는 자동차를 가장 많이 판매했으며, 상용차 중에서 가장 뛰어난 자율주행 기술을 보유하고 있는 기업이다. 많이 판 만큼, 많은 사고가 발생했다. 운전자는 테슬라 자동차의 오토파일럿 기능을 사용할 때 핸들에 손을 올려놓고 있어야 하지만, 일부는 이를 무시하고 모험을 한다. 운전자의 지침 위반이지만, 아직 자율주행 기술이 미완성임을 명백하게 보여 주는 사례들이다.

2016년 1월 중국 하북성에서 자율주행 기능으로 인한 첫 사고가 발생했다. 당시 운전자는 테슬라S를 오토파일럿 모드로 놓고 주행 중이었는데, 도로 가장자리에 있던 트럭을 들이받았고, 운전자는 사망했다. 같은 해 5월 미국 플로리다주에서도 비슷한 사고가 발생했

테슬라 차량 교통사고.
© Fox News

다. 역시 오토파일럿 모드로 주행하던 테슬라S가 세미트레일러 옆을 들이받았고, 운전자는 사망했다.

2018년 3월 캘리포니아주에서 테슬라X를 몰던 운전자가 사망했는데, 오토파일럿은 전방의 장애물을 인식하지 못하고 오히려 속도를 높였던 것으로 드러났다. 또 같은 달 미국 캘리포니아주 고속도로를 달리던 테슬라X가 콘크리트 바리케이트와 충돌하며 운전자가 사망하는 사고가 발생했다. 운전자는 오토파일럿 모드에서 휴대전화로 게임을 하고 있었던 것으로 밝혀졌다.

2019년 4월 테슬라S가 보행자 사망사고를 냈다. 정지 표시가 세워진 교차로로 진입해 주차된 트럭을 들이받았는데, 이 트럭이 여성 보행자를 쳐서 사망에 이르게 했다. 2021년 4월 미국 텍사스주에서는 충돌로 2명이 사망하는 사고가 발생했는데, 놀랍게도 이들이 탄 자동차에는 운전석에 아무도 타지 않고 있었던 것으로 드러났다.

테슬라
캘리포니아 사망사고.
© 오토헤럴드

우버

도전적으로 자율주행 기술에 투자했으나 실제 운전 상황은 만만치 않았다. 2018년 3월 미국 애리조나주에서 완전 자율주행 시험 중이던 우버 시험 자동차가 사고를 일으켰다. 밤중에 자전거를 끌고 도로를 무단 횡단하던 여성을 치어 사망에 이르게 했다. 당시 운전석에는 테스트 운전자가 탑승하고 있었지만, 휴대전화를 보는 등 업무 태만으로 사고를 막지 못했다. 결국 이 테스트 운전자는 업무 과실로 구속됐다.

시스템을 분석한 결과 충돌 5.6초 전에 여성을 장애물로는 인식했지만, 보행자로 인지하지는 못했고, 여성의 예상 진로를 판단하지도 못했던 것으로 드러났다. 우버는 이 사고 이후 매우 오랫동안 도로 주행 시험을 중단하는 등 악재를 만났고, 2년 뒤 해당 사업을 매각하는 결정에 이르게 된다.

미국 교통안전국은 2016년 9월부터 사고가 일어난 2018년 3월까지 우버 시험 자동차가 운행하던 도중 충돌 사고가 37건 발생했다고 발표했다. 우버가 사업을 매각한 이유는 여러 가지가 있겠지만, 실제로 자율주행을 시험해 보니 예상치 못한 사고가 계속 발생하는 등 상용화가 쉽지 않겠다는 판단을 한 것으로 보인다.

우버 애리조나주 충돌 사고.

구글 웨이모

구글은 안전을 최우선의 덕목으로 자율주행 자동차를 개발하고 있다. 자율주행 자동차 중에서 가장 많은 센서가 달려 있고, 고정밀 지도와 실제 거리 데이터를 비교하면서 모든 사고에 대비한다. 다양한 센서를 사용해서 교차 검증을 하는 건 오판을 줄일 수 있는 최선의 선택지다. 가령 카메라가 장애물이라고 인식하지 못했더라도 레이더와 라이다가 장애물이라고 인식한다면 차를 멈춰 세울 수 있다.

2018년 5월 웨이모와 일반 차량이 접촉 사고를 일으켰는데 인간 운전자의 과실 때문이었다. 인간 운전자는 다른 차를 피하려고 방향을 틀다 웨이모와 접촉 사고를 일으켰다. 2019년 2월 처음으로 웨이모의 과실로 인한 사고가 발생했는데, 공사 중인 도로에서 모래주머니를 피하려는 도중 옆 차선의 버스와 부딪혔다.

구글 웨이모는 2020년 그동안의 자율주행 안전 보고서를 발표했는데, 이에 따르면 2018년부터 2020년까지 20개월 동안 총 18번의 경미한 사고가 있었다. 대부분 보행자나 자전거가 시속 5km 이하로 서서히 정지하는 중인 웨이모와 충돌한 사고다. 안전 데이터를 스스로 당당하게 공개한 것은 타 자율주행 서비스와 비교할 때 기술적 우위에 있다는 자신감을 내비친 것으로 여겨진다.

그러나 구글 웨이모에도 걸림돌은 있다. 첫째는 차량 구축에 값비싼 장비가 주렁주렁 들어가며, 이로 인해 차량 개발 단가가 매우 높다는 점이다. 여기에 울퉁불퉁 튀어나온 센서들이 디자인을 해치는 점도 무시할 수 없다. 둘째는 고정밀 지도 데이터 구축을 전제로 하기에, 운행할 수 있는 지역이 한정된다는 점이다. 물론 이는 시간과 비용으로 해결할 수 있는 문제이지만, 아무리 구글이라도 세계 곳곳의 고정밀 지도 데이터를 모두 모으는 건 만만치 않은 일이다.

구글 웨이모
자율주행차 교통사고.

볼보 360C 완전 자율주행차

볼보자동차가 공개한 완전 자율주행 콘셉트카 360C는 운전자가 필요 없는 5단계 완전 자율주행 전기차다. 미래지향적 외관과 함께 실내는 침실과 사무공간, 엔터테인먼트를 위한 거실 등으로 자유롭게 변경이 가능하다. 볼보자동차는 360C와 같은 완전한 자율주행차가 300km 이내 거리의 국내선 항공편을 대체할 수 있을 것으로 전망했다. 볼보자동차는 향후 15년 안에 360C의 실용화를 목표로 하고 있다.

ⓒ 오토타임즈

많은 자동차 기업들이 자사의 자율주행 기술이 3단계이며, 심지어 일부는 4단계에 이르렀다고 홍보한다. 그러나 사실상 3단계에 이른 상용차는 현재까지 없으며, 구글 웨이모만이 3단계 수준의 자율주행을 제한적으로 구현하고 있다고 봐야 한다.

2단계와 3단계에는 숫자 1만큼이 아닌 어마어마한 간격이 있다. 앞서 언급한 '긴 꼬리 문제'로 비유하자면 2단계가 아무리 고도화해서 99.9%가 되어도, 결코 3단계가 된 것은 아니다. 자율주행 2단계에서 운전의 주체는 인간이며, 사고 발생의 책임도 인간에게 있다. 3단계부터는 운전의 주체가 자동차이며, 사고 발생의 책임도 자동차 시스템이 진다.

자율주행 3단계에서는 가끔 특별한 상황에서 운전자의 개입을 요구하게 돼 있지만, 인간이 운전하지 않는다는 걸 기본 전제로 한다. 3단계를 선언하는 순간 사고의 책임이 자동차 기업으로 넘어오기에, 자동차 기업이 홍보 차원이 아닌 실제 3단계 선언을 하는 건 쉽지 않은 도전이 될 것이다.

언제나 자신만만한 행보를 보이던 테슬라의 대표 일론 머스크의 말이 이 어려움을 대변한다. 2015년 "2년 안에 자율주행 자동차를 내놓겠다."로 호언장담했던 그는 매년 비슷한 말을 반복했다. 2019년 "내년에는 고객을 만들 것"이라고 말하거나, 2020년에는 "올해 안에 출시된다."는 식으로 말이다. 그러다 2021년 "일반화된 자율주행은 어려운 일"이라며 "이렇게 어려울 줄은 예상하지 못했다."라고 토로했다. 월스트리트 저널은 "완전한 자율주행 자동차가 가능하려면 수십 년이 걸릴 수도 있다." 라고 말하며 그동안의 낙관론을 거두고 신중한 태도를 보이고 있다.

자율주행의
사회적 허들

미국의 사회학자 윌리엄 필딩 오그번(William Fielding Ogburn)은 1922년 자신의 저서인 《사회변동론》에서 물질문화를 비물질문화가 따라잡지 못하는 현상을 '문화 지체(Cultural lag)'라고 불렀다. 여기서 물질문화는 주로 과학 기술을 의미하고, 비물질문화는 생활 방식, 제도 등을 의미한다. 즉 기술 발전을 사회 문화가 따라가지 못하는 현상을 말한다. 어느 시대이건 새로운 기술이 등장하면 그것이 사회에 안착하기까지 시간이 걸린다.

새로운 기술이 사회에 안착하려면 다양한 여건이 마련돼야 하지만, 가장 먼저 필요한 것은 법률 지원이다. 자율주행 자동차를 개발하는 기업은 실제 도로를 달리면서 다양한 데이터를 모아야 하는데, 이런 활동을 하려면 법적 허가가 먼저 있어야 하기 때문이다. 다행스럽게도 대부분 국가가 자율주행 기술이 미래의 중요한 먹거리임을 인식하고 법률적 제한을 풀어 주는데 적극적인 편이다.

무인자동차는 어떻게 해야 할까요

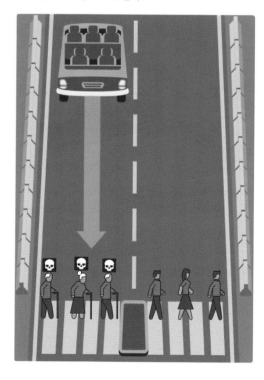 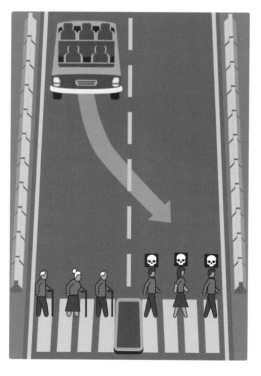

개인주의 성향이 강한 국가일수록 젊은 층의 생명과 안전을 중요하게 생각하고, 한국, 일본, 대만, 중국과 같이 비교적 집단주의 성향이 강한 국가에서는 반대로 고령층을 중시하는 경향을 볼 수 있다.
ⓒ Moral website

우리나라 자율주행차법

자율주행 기술을 개발하려면 어떤 법률이 개정돼야 할까? 우리나라를 예로 들어 내용을 알아보자. 지금까지 자동차와 도로 교통 법률은 인간의 적극적인 운행 통제를 전제로 제정되어, 인간이 없는 운행에 관한 법률적 고려는 없었다. 다행히 '자율주행 자동차 상용화 촉진 및 지원에 관한 법률'(이후 자율주행자동차법)이 2019년 4월 30일 제정됐고 2020년 5월 1일부터 시행 중이다.

우선 우리나라의 자율주행자동차법은 자율주행 자동차의 전반적인 내용을 포괄하는 법률이 아니라는 점을 기억하자. 무슨 말이냐면 '자율주행 자동차 시범운행 지구'를 정한 뒤, 이 지역 내에서만 제한적으로 적용하는 법이라는 뜻이다. 다른 지역에서는 적용되지 않으므로 연구개발의 목적일 때 이 법의 지원을 받는다.

2021년 2월 기준, 우리나라의 자율주행 자동차 시범운행 지구는 총 8곳이다. 서울 상암동 6.2㎢ 범위, 오송역과 세종터미널 22.4km

자율주행차 시범운행 지구별 도입 서비스 및 범위

ⓒ 국토교통부

연번	지자체	지구 범위	대표 서비스
1	서울	• 서울 상암동 일원 6.2km² 범위	• DMC역↔상업, 주거, 공원지역 간 셔틀 서비스
2	충북·세종 (공동 신청)	• 오송역↔세종터미널 구간 약 22.4km 구간	•· 오송역↔세종터미널 구간 셔틀(BRT) 서비스
3	세종	• BRT 순환노선 22.9kim • 1~4 생활권 약 25km² 범위	• 수요 응답형 정부세종청사 순환셔틀 서비스
4	광주	• 광산구 내 2개 구역 약 3.76km	• 노면 청소차, 폐기물 수거차
5	대구	• 수성앞시티 내 약 2.2km² 구간	• 수성알파시티 내 셔틀서비스 (삼성라이온즈파크↔대구미술관)
		• 테크노폴리스 및 대구국가산단 약 19.7km² • 산단 연결도로 약 7.8km 구간	
6	제주	• 제주국제공항↔중문관광단지(38.7km) 구간 및 중문관광단지 내 3km² 구간	• 공항 픽업 셔틀 서비스 (제주공항↔중문관광단지)

자율주행 자동차법 규제 특례 현황

© KISO저널 제42호

조문	규제 특례 대상 법률	주요 내용
제9조 (여객 유상 운송 특례)	여객자동차법	· 사업용 자동차가 아닌 자율주행차를 여객의 운송용으로 유상 제공 및 임대 가능 · 한정 운수 면허를 발급받는 경우 자율주행차를 활용한 노선 운행 가능
제10조 (화물 유상 운송 특례)	화물자동차법	· 자율주행차를 활용한 유상 화물운송 가능
제11조 (자동차 안전기준 특례)	자동차관리법	· 현행 자동차 안전기준, 부품 안전기준을 충족하기 어려운 차량도 별도의 성능 검증 절차를 통해 승인받는 경우 운행 가능
제12조 (표준 특례)	국가통합 교통체계효율화법	· 지능형 교통체계 표준으로 제정, 고시되지 않은 신기술 사용 가능
제13조 (도로 시설 특례)	도로법	· 도로관리청이 아닌 자도 자율주행에 필요한 도로 공사와 유지·관리를 수행할 수 있도록 허용

구간, 세종시 약 25㎢ 범위, 광주 광산구 내 3.76㎢ 범위, 대구 수성 알파시티 내 2.2㎢ 범위, 테크노폴리스 및 대구국가산업단지 19.7㎢ 범위, 산업단지 연결도로 7.8km 구간, 제주국제공항과 중문관광단지를 잇는 38.7km 구간과 중문관광단지 3㎢ 범위가 시범운행 지구에 해당한다.

이 지역에서 자율주행자동차법은 자율주행 자동차를 운행할 때, 기존 자동차 법률과 충돌하는 조항에 관해 명시적으로 배제하고 있다. 예를 들어 여객자동차법은 사업용 자동차와 면허가 있어야만 유상으로 여객을 실어 나를 수 있도록 제한하지만, 자율주행자동차법은 자율주행 자동차를 사용해 여객 운행 노선을 만들 수 있다고 명시한다.

이미 존재하는 법률 각각에 관해 일일이 대응하는 식으로 기술되어 있기에, 기존 법률이 다루지 않는 영역은 담지 못한다는 점은 아쉽다. 특히 우리나라 법률은 '포지티브 규제'인 경우가 많아서 기술 개발에 장애가 된다는 평가다. 무슨 말이냐면 새로운 기술이 등장했을 때, 기본 전제가 '모두 안 되고 법이 허용한 것만 가능'이라는 식으로 기술되어 있다는 뜻이다. 반대로 '네거티브 규제'는 '법이 불허한 것을 제외하면 모두 가능'이라는 식으로 기술되어 있다는 뜻이다. 이런 포지티브 규제는 자칫 발생할 수 있는 위험 요소를 최소화하는 장점이 있지만, 옛날 기술을 근거로 기술돼 있다 보니 새로운 기술이 등장했을 때 발 빠르게 대응하기 어려운 단점이 있다. 이런 점에서 전문가들은 자율주행자동차법이 네거티브 규제 형태로 바뀌어야 한다고 주장한다.

해외 자율주행차법과 비교

현재 자율주행 자동차에서 가장 앞서가는 나라는 미국이다. 기술 개발을 선도하기 위해 법률 지원을 아끼지 않고 있다. 자율주행 기술 개발사 입장에서는 아무래도 규제가 덜 한 곳에서 개발 및 시험 주행을 하는 편이 수월할 것이다. 개발사가 꼽는 우리나라보다 미국이 유리한 점은 크게 세 가지다.

첫째는 시범운행 지구의 규모가 훨씬 크고, 규제 조건이 까다롭지 않다. 미국 네바다주는 2021년 5월 시속 40마일 이하로 운행하

미래차 관련 한국과 미국 규제 비교

© 서울경제

한국		미국 네바다주
세종·광주 내 일부 산단 및 공원	자율주행 가능 지역	주 전역(72km/h 이하 무승객 차량)
6km 이내	원격 주차	60m 스마트 호출 가능
4.9m	배터리 낙하 인증 기준	1.0m(유엔 국제 기준)
2023년까지 현대차 등 임시 허가	소프트웨어 원격 업데이트	가능

는 자율주행 자동차가 주 전역을 주행할 수 있는 법을 통과시켰다. 주 전체가 시범운행 지구가 된 셈이다. 우리나라의 시범운행 지구는 미국과 비교해 넓이가 좁고, 운행 거리도 짧다. 현대자동차가 합작 법인인 모셔널을 통해 미국에서 자율주행 시험을 진행하는 가장 큰 이유다.

두 번째는 소프트웨어 무선 업데이트(OTA, Over The Air) 기능을 허용한다는 점이다. 자율주행 자동차 기술의 핵심은 인공지능 기술을 기반으로 한 소프트웨어다. 테슬라는 수시로 소프트웨어 원격 업데이트를 통해 개선된 기능을 고객에게 제공하는데, 별도의 추가 비용 없이 성능이 개선된 기술을 누릴 수 있어 환영받는다. 그러나 우리나라에서는 원칙적으로 자동차 소프트웨어의 무선 업데이트가 불법으로 되어 있다.

최근 '규제 샌드박스'를 통해 서비스 임시 허가를 승인했지만, 완성차 업체가 개별적으로 승인을 신청해야 하고 허가 기간이 2년에 그친다는 점, 새로운 기술이 도입될 때 다시 별도의 허가가 필요하다는 점 등이 발목을 잡고 있다. 소프트웨어를 업데이트할 때마다 일일이 허가를 받아야 한다면 자동차 기업은 굳이 강행하지 않고, 신차가 나올 때나 개선된 기능을 반영하고자 할 것이다.

세 번째는 까다로운 배터리 안전성 규제 조건이다. 우리나라에서 달리는 전기 자동차는 4.9 높이에서 리튬 배터리를 떨어뜨려 안정성이 입증됐을 때 자동차에 탑재할 수 있다. 유엔 국제 기준은 이보다 훨씬 완화한 1m 높이다. 안전의 중요성은 두말할 필요 없지만, 과도한 기준은 제품의 원가를 높여 경쟁력을 떨어뜨린다.

이 외에도 세세한 규정들이 현재 발전한 기술을 적용할 때 방해가 된다. 예를 들어 테슬라는 주차한 자동차를 고객이 있는 곳까지 스스로 운전해 오도록 하는 '스마트 서먼(Smart Summon)' 기술을 발표해 호평을 받았다. 그러나 안타깝게도 국내 자동차는 이 기능을 적용할 수 없다. 국내법이 원격 주차 가능 거리를 6m로 제한해 두었기 때문이다. 당장 실행할 기술력이 있느냐의 여부는 차지하더라도, 법이 기술을 제한하고 있는 셈이다.

테슬라의 스마트 서먼 기능을 이용해
자동차를 호출하고 있다.

　아직 자율주행자동차법이 다루지 않는 대표적인 영역은 손해배상
책임과 보안 문제다. 자동차 사고가 발생했을 때 누가 책임을 질 것
인지, 보안 문제가 생겼을 때 누가 책임을 질 것인지를 명문화해야
하는데, 매우 핵심적인 사안이라 여러 가치가 충돌할 수 있다. 손해
배상과 보안을 포함하고, 특정 지역이 아니라 훨씬 넓은 지역을 대상
으로 하는 법률이 제정되어야 진정한 자율주행자동차법이라고 부를
수 있을 것이다.

　어떤 기술이라도 100%가 되는 건 불가능하다. 따라서 자율주행은
각 국가별로 마련될 법적 허용 기준에 따라 발전할 가능성이 크다.
즉, 기술 수준이 특정 조건에 이르면 그만큼의 서비스를 하도록 허용
하고, 여기에서 또 기술 수준이 더 성장하면 서비스 허용 기준도 점
점 넓어지는 형태를 말한다. 새로운 기술의 발전에는 법률의 도움이
절실하게 필요한 만큼 발 빠른 대응이 이뤄지기를 관계자 모두가 바
라고 있다.

현대자동차 모셔널.

기업별
자율주행 기술

각 기업별 자율주행 기술 수준은 어느 정도일까? 미국의 시장조사기업 가이드하우스 인사이트는 2017년부터 해마다 자율주행 기술 종합 순위를 발표한다. 구글 웨이모가 1위 자리를 고수하고 있고, 나머지 기업들의 순위는 해마다 요동치고 있다. 기업 간 합작이 활발하게 이뤄지면서 기업 이름이 수시로 바뀌고, 순위도 엎치락뒤치락하는 등 가장 핫한 기술답게 순위표에서도 활발한 변화가 일어나고 있다.

자율주행 기능이 있는 상용차를 가장 많이 판매한 테슬라가 순위에서 빠진 건 의외다. 테슬라는 가이드하우

2021 가이드하우스 인사이트 자율주행 기술 종합 평가 순위

순위	2019년	2020년	2021년
1	웨이모(구글)	웨이모(구글)	웨이모(구글)
2	크루즈(GM)	포드	엔비디아
3	포드	크루즈(GM)	아르고AI(포드, 폭스바겐)
4	앱티브	바이두	바이두
5	인텔-모빌아이	인텔-모빌아이	크루즈
6	폭스바겐	현대차그룹-앱티브	모셔널(현대차그룹-앱티브)
7	다임러-보쉬	폭스바겐	모빌아이
8	바이두	얀덱스	오로라
9	도요타	죽스	죽스
10	르노-닛산-미쓰비시	다임러-보쉬	뉴로

ⓒ 가이드하우스 인사이트

2021년도 자율주행 기술 종합 순위(실행, 전략 기준)

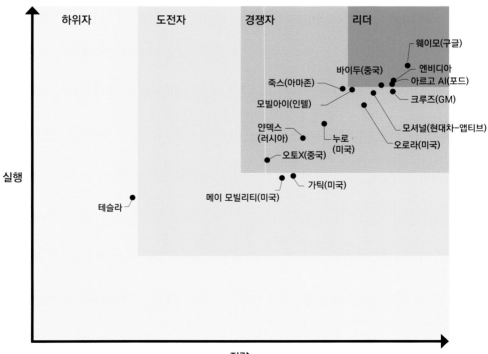

스 인사이트 발표에서 최하위권에 위치한다. 가이드하우스 인사이트는 "단순 기술 비전보다는 전략에 관한 실행력을 중심으로 판단한다."며 "테슬라는 선도기업이라 인식되지만 기술 실행력은 부족하다."라고 이유를 설명했다.

사실 여기에는 여러 이유가 있는데, 테슬라는 2018년 이후로 자료를 제공하지 않고 있어서 예전 자료로 평가받고 있다는 얘기가 있다. 자율주행처럼 빠르게 변하는 기술에서 몇 개월의 차이도 어마어마한데, 2~3년 전의 자료로 평가하는 건 무리다. 또한 기술에 관한 평가가 아니라 경영 전략에 대한 평가라는 비판도 있다. 어쨌든 이러한 발표는 자율주행 기술의 수준을 가르는 절대적인 지표라기보다는 하나의 참고 자료로 인식하면 좋을 것이다.

현대자동차가 2020년 3월 앱티브와 합작해서 설립한 모셔널이 작년에 이어 올해도 6위라는 순위에 위치한 점이 눈에 띈다. 모셔널은 차량 공유 업체인 리프트와 제휴해 라스베이거스에서 '로봇 택시'(구글 웨이모처럼 완전 자율주행은 아니며 만일의 경우를 대비해 인간 운전자가 탑승) 서비스를 하는 등 기술력으로 인정받는 자율주행 전문 기업이다. 현대자동차는 자동차 기술을, 앱티브는 자율주행 기술의 강점이 있어서 서로 간에 이해타산이 맞는 합작이었다고 평가받는다.

2021년 2월 모셔널은 라스베이거스에서 아이오닉5 등을 기반으로 만든 자율주행차 시험 주행을 했다. 다수의 무인 자율주행 자동차가 교차로, 비보호 방향 전환, 보행자와 자전거가 있는 혼잡 도로를 포함한 상황에서 안전한 주행을 구현했다. 보통 시험 주행에는 만일의 경우를 대비해 자동차의 운전석에 안전 요원이 앉아 있지만, 이번 시험은 운전석을 비워 둔 상태에서 시험했다. 모셔널은 앞으로 2023년 리프트와 함께 미국의 주요 도시에서 무인 자율주행 서비스를 선보인다고 발표했다.

중국의 검색 플랫폼으로 유명한 바이두는 중국 정부의 전

폭적인 지원을 입고 자율주행 기술을 개발하고 있다. 바이두의 자회사 아폴로는 광저우, 창사, 베이징 등의 도시에서 로봇 택시 서비스를 하고 있다. 앞으로 2023년까지 30개 도시에서 3,000대의 로봇 택시를 운행할 계획을 발표하기도 했다.

자율주행 기술은 해당 기능이 탑재된 자동차를 판매하는 사업과, 운행 서비스를 제공하는 사업의 두 축을 중심으로 발전할 것으로 전망된다. 세계 최고 수준의 기술력을 가진 다양한 기업들이 사활을 걸고 경쟁하는 전쟁터에서 누가 먼저 주도권을 쥐고 이 새로운 시장의 강자가 될지 지켜보는 일도 흥미진진하다.

자율주행이 가져올
생활의 변화

인간이 무언가 탈것을 조종해서 사람과 물자를 이동시킨다는 개념은 아주 오래전부터 우리 생각에 깊이 자리 잡고 있다. 자율주행은 이 오랜 생각을 부수는 사건이다. 자율주행 기술이 완성되기만 한다면 우리 생활 방식이 근본적으로 달라지는 수준의 변화가 일어날 것이다. 어떤 변화가 일어날지 예상해 보자.

운전사 필요 없음

자동차는 내가 운전해야 하는 대상에서 탈것으로 역할이 바뀌며, 진정한 의미의 '자동차' 또는 '오토모빌'이 된다. 또한 자동차에서 운전을 위해 필요한 장치인 핸들, 가속 패들, 브레이크, 변속기 레버 등이 필요 없어지면서 자동차의 활용 공간이 넓어진다. 자동차 내부는 오롯이 안전과 주거성에 집중해서 새롭게 디자인된다.

　내연 기관 자동차가 전기 자동차로 전환되는 건 이와 같은 움직임을 가속화할 것이다. 전기 모터는 내연 기관보다 크기가 작아 공간을 확보하기 유리하다. 모터쇼에 등장하는 자동차 기업의 콘셉트카는 이런 추세를 이미 반영하고 있다. 침대처럼 완전히 누울 수 있는 시트, 180도 회전해서 서로 마주 볼 수 있는 의자 등을 통해 엿볼 수 있다.

　당연한 말이겠지만 자율주행 자동차가 가져올 핵심적인 변화는 운전사가 필요 없어진다는 것이다. 운전할 수 있는 사람에게는 편리해지는 정도지만, 운전할 수 없는 사람에게는 획기적인 변화다. 어린아이, 노약자 모두 목적지만 입력하면 스스로 원하는 곳에 갈 수 있다. 이것이 어떤 사회적, 문화적 변화를 가져올지 상상하기 어려울 정도다.

교통사고 감소

자율주행은 교통사고를 획기적으로 줄인다. 통계청 자료에 따르면 교통사고 중 60% 이상은 운전자나 보행자의 부주의 때문에 발생한다. 교통 혼잡 상황에서 발생하는 접촉 사고가 25% 정도인데, 이 역시 운전자의 무리한 주행이 원인이다. 나머지 15%는 도로 구조의 잘못이나 교통 신호체계의 잘못 등이다. 특히 사망사고가 발생하는 교통사고의 원인은 졸음과 주시 태만이 70% 이상을 차지한다.

결론적으로 대부분 교통사고의 원인은 운전자에게 있다. 자율주행 자동차는 인간이 저지를 수 있는 주시 태만, 졸음, 무리한 운전 등의 오류를 근본적으로 차단한다. 자율주행 자동차가 도입된 초기에는 자율주행 자동차와 인간이 운전하는 자동차가 뒤섞여 다양한 사고 상황이 발생할 수 있겠지만, 이때에도 사고 원인 유발자는 인간 운전자일 가능성이 크다.

이내 '인간이 운전하는 건 너무 위험해서 금지시켜야 한다.'는 여론이 형성될 수 있다. 초기 교통사고 데이터가 어떤 통계를 보이느냐에 따라 이 같은 움직임은 더 빨라질 수도, 느려질 수도 있다. 그리고 결국 도로를 달리는 대부분이 자율주행 자동차가 되면 교통사고는 보기 힘든 희귀한 사건처럼 취급될 것이다.

자율주행차 운행 시 장점

1 교통사고 감소 52.6%

2 초보 및 고령 운전자의 편의 제고 12.8%

3 차량 운행 중 여가 시간 확보 11.5%

2018년 한국교통연구원에서 일반 시민 1,000명을 대상으로 자율주행차 운행 인식 조사를 진행했습니다. 위 자료는 자율주행 자동차 수용성 조사 결과 보고서의 내용을 참조한 것입니다.

ⓒ 한국교통연구원, 2018.

교통체증 감소.

도로 상황 개선

자율주행 자동차가 도로 위의 주된 교통수단이 되면 교통체증이 줄어든다. 차량이 지금보다 줄어드는 것도 아닌데, 왜 교통체증이 줄어드는지 의문이 생길 수 있지만 사실이다. 교통체증이 일어나는 원인은 복잡계에 해당하며, 종종 차량이 많지 않을 때도 이유를 알 수 없는 정체가 발생하기도 한다.

이는 아주 작은 변수가 누적되기 때문인데, 예를 들어 브레이크를 자주 밟는 차가 한 대만 있어도 이 차량의 뒤쪽 수 km에 정체를 일으킬 수 있다. 변수 대부분은 인간의 운전 습관에서 비롯되기에, 자율주행 자동차는 이를 최소화할 수 있다. 또 사거리나 램프에서 무리한 끼어들기 등이 없어지면서 이로 인해 발생하는 정체가 줄어든다.

더 나아가 군집주행 기술이 교통체증을 획기적으로 줄일 것이다. 군집주행이란 여러 대의 차량을 하나인 것처럼 묶어 주행하는 기술을 뜻한다. 군집주행을 하면 달리는 자동차와 다른 자동차 사이의 거리를 최소한으로 줄일 수 있다. 즉, 고속도로에서 권장하는 안전거리 100m보다 훨씬 더 가까운 거리에

인구 분산.

서 고속으로 달릴 수 있다는 뜻이다. 이는 도로를 더 효율적으로 사용하게 해 주며, 결과적으로 도로 상황을 개선해 교통체증을 줄인다.

인구 분산

출퇴근 운전의 부담에서 벗어나면 굳이 복잡한 도시에 살 필요가 없어진다. 직장과 1시간 내 이동할 수 있는 곳이라면 어디든 거처가 될 수 있다. 예전에는 출퇴근 시간 동안 꽉 막힌 도로에서 스트레스를 받아야 했으나, 운전을 차에 맡기고 부족한 잠을 자면 된다. 이처럼 자율주행 자동차는 수도권의 과밀한 인구를 주변으로 분산시키는 주요한 원인이 될 것이다.

　이동의 부담이 없어지면 거리의 제한을 떠나 더 자주 만날 수 있게 된다. 명절이나 큰맘 먹고 내려갔던 고향을 더 자주 방문할 수 있다. 사람 간 왕래의 폭이 넓어질 수 있다는 사실은 사생활은 물론이고, 직장 업무에서도 큰 변화를 일으킬 것이다. 가끔 만났던 먼 지역 파트너를 더 자주 만날 수 있고, 진정한 의미에서 전국 생활권이 가능해진다.

아마 처음에는 운전사가 없는 자동차에 타는 것부터 대단한 용기가 필요할지 모른다. 그러나 사람들은 이내 새로운 기술에 적응할 것이고, 조금만 지나면 자율주행 없이 직접 운전해야 하는 세상을 상상하기가 어려울지 모른다. 자율주행이 현실이 된 세상을 상상해 그려 보면 어떤 모습일까?

정성우(45살) 씨는 최근 이사를 결정했다. 직장이 서울이라 무리해서 수도권에 살기를 고집했지만, 아이들에게 자유롭게 뛰어놀 수 있는 공간을 선물해 주고 싶었다. 서울의 아파트를 처분하니 꽤 넓은 마당을 가진 2층 주택을 마련하고도 여유 자금이 남았다. 정 씨가 이 같은 결정을 내리게 된 이유는 소유하고 있던 자율주행 자동차가 최근 대규모 업데이트를 하면서 기능이 획기적으로 좋아졌기 때문이다.

목적지를 설정해 두기만 하면 이동 중에는 잠을 잘 수 있기에 출퇴근 시간의 부담을 덜 수 있게 됐다. 정 씨가 지금 소유한 자동차는 직접 운전하거나 자율주행 모드를 선택할 수 있지만, 사용해 보니 자율주행 기능이 훌륭해서 더는 직접 운전할 필요가 없을 것 같았다. 정 씨는 여유 자금으로 완전 자율주행 전용 자동차를 구입할 생각이다. 완전 자율주행 전용 자동차는 운전대가 없고, 펼치면 침대처럼 누워 잘 수 있는 의자를 제공하기에 출퇴근할 때 푹 쉴 수 있을 것 같다.

박순미(78살) 씨는 요즘 신이 나 있다. 몇 년 전 남편이 운전면허를 반납한 뒤로는 둘이 제대로 된 여행을 즐기기 어려웠다. 여행사의 패키지 상품을 이용하는 것은 싫고, 택시로 다니려니 둘만의 오붓한 시간이 방해받는 것 같았다. 자율주행차가 등장했지만, 아무래도 불안해서 선뜻 타기가 망설여졌다. 그런데 얼마 전에 친구와 함께 탄 자율주행 택시가 박 씨의 고정관념을 완전히 바꿔 놓았다. 마치 노련한 운전사가 운전하는 것처럼 빠르고 편안하게 목적지까지 이동할 수 있었다.

그날 이후 박 씨는 자율주행 렌트카를 가장 먼저 도입했다는 제주도 여행을 계획했다. 공항 근처에서 렌트카를 빌리면 내 마음대로 다닐 수 있다고 생각하니 옛날로 돌아간 것처럼 신이 났다. 여행 이후에는 자율주행 자동차를 하나 구매할 생각도 하고 있다. 이제 어디든 맘대로 갈 수 있다고 생각하니 흥분을 감출 수 없다.

이진우(35살) 씨는 지방에 중요한 행사를 치르기 위해 전날 미리 내려와 있다. 밤 늦도록 무대를 설치하던 이 씨는 깜짝 놀랐다. 행사에 쓸 중요한 소품 하나를 깜박 잊은 거다. "아무리 바빠도 그렇지 이걸 잊다니." 회사에 당직을 서고 있는 직원에게 전화를 걸어 잊은 소품은 찾았지만, 여기까지 가져오는 일이 문제다.

"과장님. 자율주행 퀵서비스 쓰시면 돼요. 최근에 전국으로 서비스가 확대됐어요. 제가 신청해서 보낼 테니 정확한 주소를 알려 주세요." 자율주행 퀵서비스는 사람이 아니라 자동차로 물건을 배송하는 서비스다. 택배처럼 집 앞까지 배달해 주지는 못하고 시간에 맞춰 주차장에 나가 있어야 한다. 사무실에서 여기까지 거리가 400km가 넘으니 비용이 꽤 들겠지만, 직원 누군가가 직접 운전해서 가져다 주지 않아도 되니 얼마나 다행인가.

조금 뒤 도착 예상 시간이 문자로 왔다. 그리고 한참 뒤에 도착 5분 전이니 주차장에 나와 달라는 문자가 다시 왔다. 전용 앱에 문자로 온 인증 번호를 입력하니 자동차 문이 열리고 내가 깜박 잊은 소품을 꺼낼 수 있었다. 배달을 마친 자동차는 다시 어딘가로 사라졌다. 다른 배송을 위해 대기 장소로 이동하는 걸까. 어쨌든 행사를 정상적으로 치를 수 있게 되어 정말 다행이다.

김유미(32살) 씨는 직장 내에서 촉망받는 인재이자, 3살 아이를 둔 워킹맘이다. 중요한 발표가 있는 날, 공교롭게도 전염병으로 인한 폐쇄 조치가 발생해 보육 기관이 문을 닫았다. 급히 아이를 돌볼 사람을 주변에서 찾았으나 아무도 찾을 수 없었다. 잠시 고민하던 김 씨는 대전에 사는 친정 엄마에게 아이를 보내기로 맘을 먹었다. 이미 주변 동료들이 알려 줬지만, 불안한 마음에 아직 한 번도 시도해 보지 않았던 방법이다.

김 씨는 자율주행 자동차에 도착지로 친정 엄마 집을 입력하고, 유아용 시트에 잠든 아이를 눕혔다. 예상 소요 시간은 1시간 30분. 자율주행이 보편화되어 도로 정체가 획기적으로 줄어든 덕분에 이동 시간도 예전보다 훨씬 줄어들었다. 아이의 평소 수면 습관을 생각했을 때, 1시간 30분 정도는 깨지 않고 잘 것 같다.

대전에 있는 친정 엄마는 어떻게 돌보는 어른 하나 없이 애를 혼자 보내느냐 난리다. 자율주행 자동차의 운전이 인간 운전자보다 안전하다고 여러 번 설명했지만 막무가내다. 급히 서울로 올라오시겠다는 걸 지금 오셔도 이미 늦고, 자동차는 이미 출발했다고 말해서 겨우 말렸다. 아이를 데리러 갈 때 친정 엄마에게 불같이 혼나겠지만, 현재로서는 이게 최선인 것 같다.

자율주행으로 인한 사회적 혜택

운전자 과실로 인한
교통사고 예방
운전자 과실 90%
기타 10%

연비 개선에 따른 에너지
절감 및 대기질 개선
개인별 연비 차이
20%~40%

교통 혼잡 비용 감소
(GDP의 2.13%)
연간 33조 4,000억 원
(2015년 기준)

여가 시간 증대 및
교통 약자의 이동성 개선
시간 증대 및 이동성 개선

자율주행이 가져올 갈등

새로운 변화가 모든 이들에게 반가운 건 아니다. 특히나 사회 전반에 영향을 미치는 혁명적인 기술은 반드시 여러 갈등을 동반한다. 예상되는 대표적인 갈등은 일자리 문제다. 새로운 기술이 일자리를 변화시킨 사례를 우리는 이미 여러 차례 경험했다. 개인정보 보호를 둘러싼 갈등, 사고 등이 발생했을 때 누가 책임을 질 것인지를 결정하는 갈등 등이 예상된다.

인공지능과 일자리 문제

제1차 산업혁명 시대에 일어난 러다이트 운동은 새로운 기술에 관한 저항의 상징으로 꼽힌다. 러다이트 운동은 1810년대 영국에서 일어난 '기계 파괴 운동'으로, 증기기관과 방직기가 자신들의 일자리를 빼앗는다고 생각한 노

증기기관차.

영국의 붉은 깃발법

'붉은 깃발법'은 1865년 영국 빅토리아 여왕 때 만들어진 세계 최초의 도로 교통법으로 시대착오적 규제를 상징하는 말로 쓰인 다. 자동차의 등장으로 사양화하는 마차 산업과 마차를 타는 귀 족을 보호하기 위해서 제정된 것이다.

동자들이 일으킨 운동이다.

당시 영국은 숙련된 기술자가 공장에 모여서 수제품을 만들었는데, 기계가 보급되면서, 숙련공의 입지가 좁아지기 시작했다. 초기에는 기계를 몰래 망가 뜨리는 식이었지만, 나중에는 망치로 기계를 부수거나 공장을 불태우는 식의 과격한 시위로 바뀌었다. 기계로 생산성이 좋아지면서 사회 전체의 부는 늘 었지만, 일부 자본가에게 부가 집중되며 서민의 불만이 치솟은 시기라서 러 다이트 운동은 대중의 호응을 얻기도 했다.

영국의 '붉은 깃발법(Red Flag Act)'은 더 우스꽝스럽다. 증기자동차가 상용화 되자 자국의 마차 산업을 보호하기 위해 부랴부랴 만든 법이다. 자동차의 최 고 속도를 시외에서는 시속 6km, 시내에서는 3km로 제한했고, 자동차에는 붉은 깃발을 든 기수를 두었고 마차가 앞서 달리면 자동차는 이를 뒤따라야 했다. 지금 시선으로 보면 말도 안 되는 이 법 때문에 영국은 자동차의 발명 국임에도 불구하고 이후 미국과 독일에 자동차 산업의 주도권을 빼앗기고 말 았다.

한편 인공지능의 발전은 영국의 앞선 사례와 비교할 수 없을 만큼 일자리에 있어 엄청난 변화를 가져올 것이 예상된다. 앞선 산업혁명은 기존 일자리를 줄이기도 했지만, 그만큼 새로운 일자리를 만들기도 했다. 그러나 인공지능은 기존에 인간의 고유 영역이라고 굳게 믿었던 분야까지 빠르게 진출하고 있어서 이전 산업혁명과 다르다는 평가다. 즉, 인공지능의 발달로 새로운 일자리가 생기겠지만, 줄어드는 일자리가 더 많을 것이라는 전망이다.

현존하는 거의 모든 직업이 인공지능의 영향을 받을 것이 분명하다. 다만 직군에 따라 영향을 많이 받을 직군과 적게 받을 직군이 나뉠 뿐이다. 안타깝게도 인공지능 기반의 자율주행 자동차는 운전을 직업으로 삼는 직군에 있어서는 치명타를 입힐 것으로 예상되며, 그 외 자동차 산업을 둘러싸고 있는 다른 직군에도 영향을 미칠 것이다.

어떤 직업이 자율주행 자동차의 등장으로 영향을 받을까? 우선 인간 운전자를 필요로 하는 여객과 물류 유통 관련 직군이다. 택시 운전사, 버스 운전사, 화물자동차 운전사 등이 대표적이다. 우리나라 택시 면허증 소유자는 2021년 9월 기준 25만 명, 화물자동차 등록 대수는 2020년 12월 기준 49만 대에 달한다. 여기에서 파생해 대리운전 기사, 택배사 운송 직원 등도 영향을 받을 것으로 예상된다. 이들의 역할은 지금과 비교했을 때, 혹시 일어날지 모르는 안전사고를 대비하는 매우 제한된 역할로 축소될 것이며, 일자리 수도 급감할 전망이다.

여객 및 물류 유통 직군만큼은 아니지만, 미래 전망이 어두운 직종은 또 있다. 앞으로 운전할 필요가 없으니 운전면허도 필요 없어지고, 운전면허 학원도 사라질 것이다. 다만 상당 기간 자동차가 자율주행을 제대로 하고 있는지 감독하는 역할은 필요하니, 이런 종류의 면허 훈련은 일부 남을 것이다.

교통사고가 줄어들면서 영향을 받는 직종도 있다. 자동차 정비소는 사고로 발생하는 고장 차량이 줄면서 지금보다 시장 규모가 줄어들 전망이다. 여기에 더해 내연 기관 자동차가 전기 자동차로 바뀌면 정비 요소가 대폭 줄어든다.

또한 사고가 줄어들면 사람들이 자동차 보험을 들 필요가 없어진다. 차량 소유자는 운전하지 않으므로, 교통사고가 발생했을 때 책임자가 아니다. 자율주행 자동차를 만드는 기업 또는 해당 서비스를 운영하는 기업이 책임을 지게 되는데, 지금처럼 각 개인에게 매년 보험료를 징수하는 것과 다른 차원의 문제가 된다. 결론적으로 자동차 보험 시장은 지금보다 대폭 축소될 것으

자율주행 분야 유망 직업 리스트

직업 대분류	직업 중분류	업무 내용
스마트카 전용 사물 인식 기술 개발자	이미지 센서 개발자	차선, 신호, 보행자 인식용 다목적 카메라 개발
	LIDAR 개발자	저가, 소형의 디지털 LIDAR 개발
	RADAR 개발자	장, 단거리 통합, 악천 후, 심야에 사용 가능한 스마트카용 RADAR 개발
인공지능 기반 자율주행 알고리즘 개발자	인식 전문가	학습을 통해 영상 인식률을 개선하고 인식 범위를 확대하는 알고리즘 개발
	추론, 예측 전문가	수신호 등 각종 비정형 신호 의미 해석, 다른 차량의 주행 방향 예측 등
	주행 전략 수집가	빅데이터를 종합 분석하여 주행 계획을 수립하는 알고리즘 개발
구동 및 제어 엔지니어	스마트카용 고성능 ECU 개발자	자율주행에 필요한 빅데이터 처리 및 제어를 위한 ECU 개발
	Human-Car 인터페이스 개발	스마트카와 탑승자간 직관적이고 오작동 없는 인터페이스 개발
교통체계 관리자	도로 관리자	스마트카 운행에 적합한 Smart Pavement(도로 포장) 공사 및 정비
	신호 관리자	스마트카가 인식할 수 있는 신호체계 구축
정밀 지도 전문가	지도 설계자	차선, 차폭 데이터 포함 정밀 지도 구축
	지도 관리자	교통 상황, 지리 정보 실시간 업데이트
V2X 전문가	통신망 관리자	차-차, 차-인프라간 데이터 전송 위한 통신망 구축 및 관리
	빅데이터 과학자	스마트카, 도로 등의 센서 데이터를 전송, 분석, 처리하는 업무
스마트카 활용	스마트카 물류 분석가	스마트카를 이용해 물류 계획을 수립하고 실시간 최적 관리하는 업무
	In-Car 마케터	LBS 기반 인근 차량에 타깃 마케팅 수행

ⓒ 〈미래 일자리의 금맥(金脈), 소프트웨어〉 보고서. 조원영, 이동현(2016)

로 전망된다.

　아직 이들의 반대 운동이 가시화되지는 않았지만, 그건 자율주행 기술이 인간 운전자를 대체할 만큼 발전하지 않았기 때문일 뿐이다. 자율주행 자동차 기술이 더 성장하고, 상용화 단계에 이르면 분명 거대한 반대에 직면할 것이 불 보듯 뻔하다.

　그러나 러다이트 운동이 기계의 보급을 막을 수는 없었고, 붉은 깃발법이 자동차 보급을 막을 수는 없었던 것처럼 이 흐름을 되돌릴 수는 없다. 어떻게 하면 기존 이익 집단의 손해를 보전해 주면서 많은 사람이 동의하는 방법으로 기술이 사회에 연착륙하게 할지의 문제만 남아 있을 뿐이다.

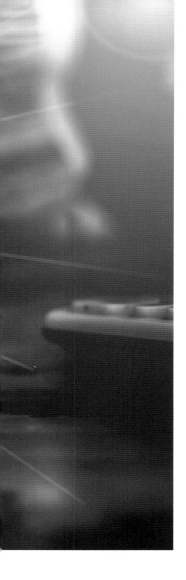

개인정보 보호 문제

구글, 애플, 네이버, 카카오 등 국내외 대표 포털은 지도 서비스를 제공하고 있다. 지도 서비스가 한창 만들어지던 초창기를 기억하는가. 이름은 조금씩 다르지만, 실제 도로 주변 풍경을 사진으로 보여 주는 '거리뷰'를 제공하기 위해 360도 촬영이 가능한 카메라가 달린 자동차가 전국의 도로 곳곳을 달렸다. 도로 위에 있던 다른 자동차의 번호판, 사람들의 얼굴 등이 고스란히 사진에 찍혔는데, 포털들은 이 부분을 지우고 서비스했다. 그러나 일부 사진에서 얼굴이 그대로 노출되는 사고가 발생해 개인정보 보호 문제가 불거졌다.

철 지난 이야기를 굳이 꺼내는 이유는 자율주행 자동차는 운행하면서 위에서 언급한 '거리뷰 촬영 자동차'보다 훨씬 더 많은 정보를 수집하기 때문이다. 자율주행 자동차에는 더 많은 카메라에 레이더, 라이다까지 달려 있다. 자율주행 자동차가 완전히 보편화되어 도로를 달리기 시작하면 엄청난 개인정보들이 고스란히 수집된다. 아마 마음만 먹으면 CCTV를 훨씬 능가하는 영상 감시 체계를 구축하는 것도 가능해 보인다.

따라서 자율주행 자동차가 수집한 정보를 어떻게 처리하고, 보관할지를 결정하는 것은 매우 중요하다. 주행과 필요한 부분 외에는 수집하지 않도록 하거나, 주행에 사용한 뒤 즉시 폐기하는 식으로 관련 법규를 만들 필요가 있다. 지금은 자율주행 기술 개발을 장려하기 위해 세세한 제약을 하지 않지만, 적절한 지침이 세워지지 않으면 심각한 개인정보 보호 문제로 발전할 수 있다.

보안 문제

너무 많은 정보를 가지고 있는 대상은 언제나 해킹의 대상이 될 수 있다. 방대한 데이터를 실시간으로 수집하면서 도로 위를 달리는 자율주행 자동차가 그렇다. 꼭 필요한 정보 외에 수집하지 않도록 하거나, 사용 후 폐기하도록 정책적으로 제한할 수 있지만, 만약 폐기하

기 전에 누군가 정보를 빼낸다면 어떨까? 마음만 먹으면 민감한 개인정보를 활용해 각종 범죄에 이용할 수 있게 된다.

더 나아가 차량의 시스템에 접근해서 문제를 일으키는 악질적인 해킹 범죄가 발생할 가능성도 있다. 이미 테슬라는 소프트웨어 무선 업데이트를 적극적으로 활용해서 자동차의 성능을 꾸준히 개선하고 있다. 즉, 통신망을 통해 차량의 시스템에 접근할 수 있다는 얘기다. 여기에 해킹 범죄가 발생하면 어떻게 될까?

PC나 스마트폰에 발생한 해킹은 아무리 심각해도 민감한 정보를 유출하거나, 기기가 망가지는 정도에 그친다. 물론 이것도 심각한 문제다. 그러나 자율주행차에 발생한 해킹은 교통사고를 일으켜 탑승자, 다른 차량에 탄 사람, 보행자 등 인간의 생명을 빼앗을 수도 있다. 혹은 탑승자를 특정 위치로 강제 이동시키는 일종의 납치와 같은 범죄도 저지를 수 있다.

그러므로 자율주행 자동차의 시스템은 보안을 가장 핵심에 두고 설계해야 한다. 외부 네트워크와 연결을 배제할 수는 없겠지만 가능한 최소화하고, 자율주행의 핵심 기능을 다루는 소프트웨어는 차량 내부에 탑재해 아무나 접근할 수 없도록 보호하는 것이 바람직하다.

책임 주체의 갈등

자율주행 자동차를 논할 때 빠지지 않고 등장하는 얘기가 있다. 일명 '트롤리 딜레마'라고 부르는 것으로, 쉽게 말해 위급한 상황에서 누구를 살릴 것인지 선택을 강요하는 윤리 실험이다.

예를 들어 이런 식이다. 기차가 철로를 달리는데 나는 기차의 방향을 바꿀 수 있는 손잡이 앞에 서 있다. 기차가 가는 방향의 철로에는 5명이 묶여 있다. 그런데 방향을 바꾸면 다른 철로에는 1명이 묶여 있다. 당신이 손잡이를 당기면 1명이 죽고, 당기지 않으면 5명이 죽는다. 당신은 어떻게 할 것인가? 트롤리 딜레마는 다양하게 변형되어 심리 및 윤리 연구에 활용된다.

자율주행 자동차가 급속히 발전하면서 트롤리 딜레마의 윤리 문

트롤리 딜레마

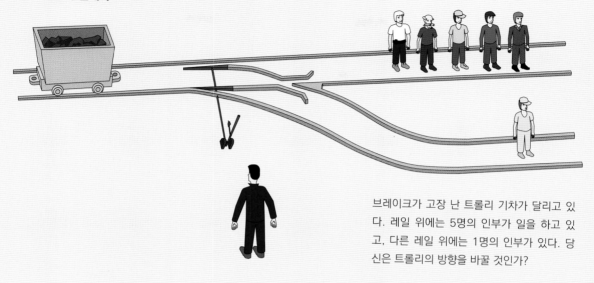

브레이크가 고장 난 트롤리 기차가 달리고 있다. 레일 위에는 5명의 인부가 일을 하고 있고, 다른 레일 위에는 1명의 인부가 있다. 당신은 트롤리의 방향을 바꿀 것인가?

제가 거론되기 시작했다. 만약 자동차에 위급 상황이 발생해 모두를 살릴 수는 없고 누군가를 살리고 누군가를 죽일 결정을 내려야 한다면 어떻게 해야 할 것인지의 문제 말이다. 인간 운전자라면 그 상황에서 어떤 식으로든 선택할 것이고 그 책임을 본인이 지겠지만, 자율주행 자동차는 다르다. 그 결정을 사전에 프로그래밍해서 집어넣어야 하고, 그 책임은 자율주행 알고리즘을 설계한 기업이나 연구소에 고스란히 돌아가기 때문이다.

또 다른 문제도 있다. 보통 트롤리 딜레마 실험에서 사람들은 선택을 강요받으면 대부분 소수보다 다수가 살아남는 쪽을 선택한다. 그런데 자율주행 자동차에서 희생해야 하는 대상이 자동차에 타고 있는 자기 자신이라면 어떻게 할 것인가? 즉 자동차 소유주에게 불리한 결정을 내리도록 설계됐다면, 사람들은 비싼 값을 지불하고 자율주행 자동차를 과연 구매할까?

자율주행은 우리 생활에 엄청난 유익을 가져다 줄 기술이지만, 이에 못지않게 파괴적이고 논란거리도 많은 기술이다. 발생할 모든 상황을 예측하여 대비하는 것은 불가능하다. 조금씩 앞으로 나아가면서 기술적으로, 사회적으로 해결해야 하는 우리 모두의 숙제다.

MOBILITY

04
미래 자동차는
공유로 간다

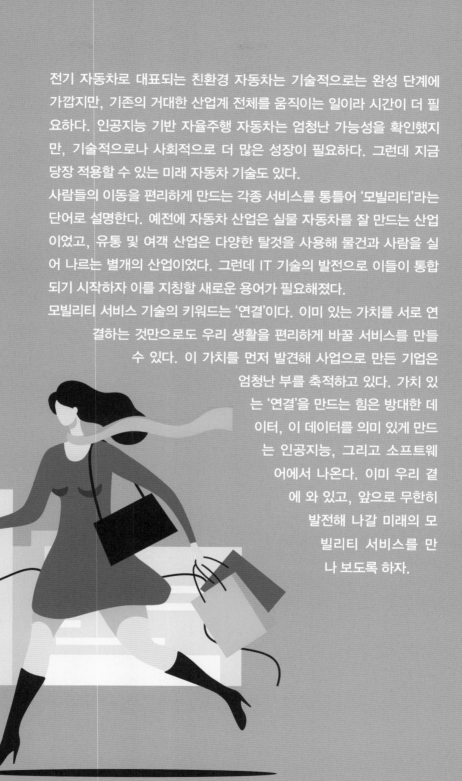

전기 자동차로 대표되는 친환경 자동차는 기술적으로는 완성 단계에 가깝지만, 기존의 거대한 산업계 전체를 움직이는 일이라 시간이 더 필요하다. 인공지능 기반 자율주행 자동차는 엄청난 가능성을 확인했지만, 기술적으로나 사회적으로 더 많은 성장이 필요하다. 그런데 지금 당장 적용할 수 있는 미래 자동차 기술도 있다.

사람들의 이동을 편리하게 만드는 각종 서비스를 통틀어 '모빌리티'라는 단어로 설명한다. 예전에 자동차 산업은 실물 자동차를 잘 만드는 산업이었고, 유통 및 여객 산업은 다양한 탈것을 사용해 물건과 사람을 실어 나르는 별개의 산업이었다. 그런데 IT 기술의 발전으로 이들이 통합되기 시작하자 이를 지칭할 새로운 용어가 필요해졌다.

모빌리티 서비스 기술의 키워드는 '연결'이다. 이미 있는 가치를 서로 연결하는 것만으로도 우리 생활을 편리하게 바꿀 서비스를 만들 수 있다. 이 가치를 먼저 발견해 사업으로 만든 기업은 엄청난 부를 축적하고 있다. 가치 있는 '연결'을 만드는 힘은 방대한 데이터, 이 데이터를 의미 있게 만드는 인공지능, 그리고 소프트웨어에서 나온다. 이미 우리 곁에 와 있고, 앞으로 무한히 발전해 나갈 미래의 모빌리티 서비스를 만나 보도록 하자.

'연결'의 힘

우리 몸에서 산소가 가장 풍부한 기관은 허파다. 허파 꽈리를 둘러싼 모세혈관을 흐르는 피는 산소를 잔뜩 포함하고 있다. 또 우리 몸에서 영양분이 가장 풍부한 기관은 영양분을 흡수하는 소장이다. 소장의 융털에 있는 모세혈관과 암죽관을 흐르는 피와 림프액은 영양분을 잔뜩 포함하고 있다.

산소와 영양분은 우리 몸의 모든 세포가 필요로 하는 자원이다. 그래서 우리 몸의 심장은 평생 한시도 쉬지 않고 피를 펌프질해서 산소와 영양분을 혈관을 통해 우리 몸의 구석구석으로 전달한다. 심장과 혈관 등을 묶어 '순환계'라고 부르는데, 만약 순환계에 문제가 생긴다면 우리는 살 수 없을 것이다.

왜 뜬금없이 우리 몸 이야기를 하냐면 자원이 만들어지는 장소와 자원을 소비하는 장소가 떨어져 있는 상태에서 이를 연결하는 것의 중요성을 설명하기 위해서다. 쉽게 말해 생산자와 소비자가 떨어져 있는 경우, 이 둘을 연결해 주는 순환계와 같은 역할이 필요하다. 오래전에는 사람이나 물건과 같이 눈에 보이는 자원만이 연결의 대상이었다. 사람을 실어 나르는 여객, 물건을 실어 나르는 물류와 유통, 국가를 넘어 거래하는 무역 등이 이런 연결의 예다. 현지에서 구하기 어려운 바다 건너에서 온 희귀한 물건일수록 고가에 팔 수 있었다.

그런데 세상이 발전하면서 사람들은 실체가 없는 자원들도 가치를 매겨 팔 수 있다는 사실을 알게 됐다. 예를 들어 다른 사람을 가르치는 일, 돌보고 치료하는 일, 외모를 예쁘게 만드는 능력, 공간을 멋지게 꾸미는 능력, 즐겁고 감동적인 공연, 아름다운 경치와 같은 것들 말이다. 이런 무형의 자원 역시 생산자와 소비자를 찾아 서로 연결하면 수익을 만들 수 있다.

첫 번째 도약 - 인터넷

이런 유형, 무형의 연결은 인터넷의 등장으로 첫 번째 극적인 발전을 이루었다. 예전에는 손님이 많이 다니는 장소에 가게를 열어야 물건이나 서비스를 팔 수 있었지만, 인터넷의 발달로 공간의 제약 없이 생산자와 소비자가 만날 수 있게 됐다. 온라인 쇼핑몰이 처음 등장했을 때만 해도 사람들은 돈만 내고 물건을 받지 못할까 걱정했지만, 지금은 그렇게 생각하는 사람이 거의 없다.

온라인 유통 시장은 급속히 성장해서 이미 전통적인 유통 시장을 넘어섰다. 2021년 8월 미국 전자상거래 업체 아마존이 전통의 유통 강자 월마트를 제치는 상징적인 사건이 벌어졌다. 미국 소비자들이 1년간 아마존에서 쇼핑한 금액(6,100억 달러)이 월마트(5,660억 달러)를 처음으로 넘어선 것이다. 사실 이 같은 흐름은 기정사실이었고 언제 넘어설지의 문제만 남았었는데, 코로나19 사태가 시기를 앞당겼다. 현재 세계에서 가장 큰 규모의 단일 유통 시장은 중국의 알

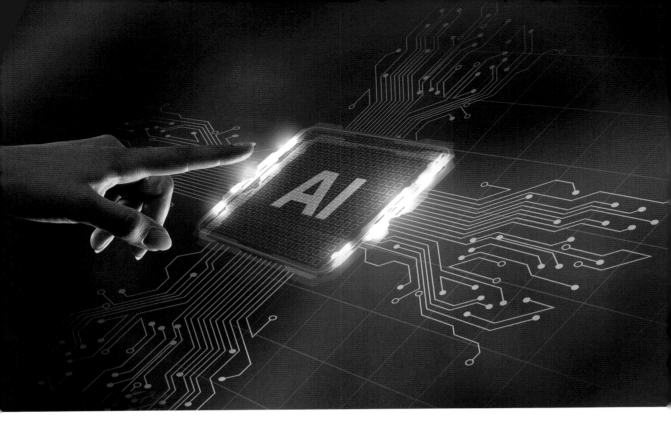

리바바인데, 이 역시 온라인 쇼핑몰이다.

물건을 거래하는 시장 외에도, 유무형의 자원과 소비자를 연결하는 다양한 온라인 서비스가 생겨났다. 예를 들어 특정 장소와 이를 이용하려는 사람을 연결하는 서비스도 등장했다. 온라인으로 오프라인을 연결한다고 해서 이런 서비스를 O2O(Online to Offline)라고 부르는데, 거의 모든 분야에서 O2O가 활발하게 이뤄지고 있다.

심지어 정보만으로 수익을 창출하는 산업도 발전하기 시작했다. 가령 결혼 정보 서비스는 결혼을 희망하는 남녀 각각의 개인정보를 받은 다음, 잘 맞을 것 같은 사람끼리 연결해 주고 수수료를 받는다. 직업을 찾는 구직자와 인재를 찾는 기업을 연결해 주는 서비스, 단기 용역을 하고 싶은 개발자와 개발 수요가 있는 기업을 연결해 주는 서비스 등, 일일이 열거하자면 끝이 없다.

두 번째 도약 - 인공지능

최근 들어 유형, 무형 연결의 두 번째 전환이 시작됐다. 이른바 초고속 인터넷과 인공지능의 발전으로 가능해진 '초연결 사회'(Hyper-connected Society)의 시작이다. 초연결 사회란 2008년 미국의 IT 컨설팅 회사인 '가트너'가 처음 사용한 용어로, 인간과 인간, 인간과 사물, 사물과 사물이 네트워크로 연결된 사회를 뜻한다. 가트너는 우리는 이미 초연결 사회로 진입했다고 설명하고 있다.

앞선 인터넷으로 인한 단순 연결과 차이를 말하자면, 지극히 개인적인 서비스가 가능하다는 점이다. 예를 들어 보자. 유튜브에 들어가니 신기하게도 내가 관심이 있어 하는 영상들이 첫 화면에 노출된다. 쇼핑몰에 들어가니 내가 관심 있게 보던 제품 중에서 추천 상품을 열거해 보여 준다. 심지어 휴지와 같이 자주 쓰는 소모품은 딱 떨어질 즈음 필요하지 않냐고 묻는다. 일정표에 약속을 등록했더니 지금 출발해야 늦지 않게 갈 수 있으며, 대중교통을 이렇게 타면 된다고 알려 준다. 이미 우리가 누리고 있는 서비스들이다.

이 모든 서비스는 나에게서 수집한 정보를 바탕으로 인공지능이 분석 및 판단하기에 가능하다. 처음에는 신기한 마음이 들었다가 다음엔 나를 너무 잘 아는 것 같아 두려운 마음이 들기도 했지만, 나중엔 편리함에 익숙해지게 된다. 데이터가 많을수록 서비스는 더욱 정교해진다. 인공지능이 데이터를 바탕으로 계속해서 성장하기 때문이다. 어쨌든 인공지능 덕분에 우리는 더 다양하고 좋은 서비스를 이전보다 훨씬 쉽게 찾아 누릴 수 있게 된다.

자동차 산업도 이런 변화에서 예외는 아니다. 인터넷과 인공지능은 '모빌리티 서비스'라는 새로운 개념의 산업을 만들어 냈다. 예전에는 상상하지 못했던 연결이 새로운 사업을 만들고, 기존 사업과 충돌해 사라지거나, 정반대로 기존 사업을 사라지게 만들기도 한다. 모빌리티 서비스는 실로 변화무쌍한 행보를 계속하고 있다.

콜택시를 연결

모빌리티 서비스 중에서 가장 먼저 사업화가 시작된 분야는 콜택시다. 자율주행 자동차처럼 고난도 기술이 아니라 택시 기사와 승객을 연결하는 서비스라서 기술적으로 시작하기에 부담이 적었다. 게다가 당시 택시 기사와 승객 모두 기존 콜택시 서비스에 관한 불만이 컸기에, 양쪽의 요구사항을 빠르게 충족시키며 영향력을 확대하기가 쉬웠다.

버스와 택시가 유일한 대중교통이었던 시절, 콜택시는 '부유함'의 상징이었다. 전화로 택시를 부르면 택시비에 당시 기준으로 상당한(몇천 원) '콜 요금'을 줘야 했기 때문이다. 상견례나 결혼식 등 특별한 날에만 불러서 이용하는 특별한 교통수단이었다. 당시 콜택시 기사는 값비싼 무전기를 장착해야 했고, 콜택시 기업에 회비도 내야 했기에 이 정도의 추가금은 당연하게 여겨졌다.

2000년대 들어 휴대전화가 널리 보급되면서 특별한 택시만 콜택시를 운영할 수 있는 것이 아니라, 택시 기사라면 누구나 콜을 받을 수 있는 기반이 마련됐다. 콜 요금은 1,000원 수준으로 저렴해졌고, 많은 사람이 부담 없이 콜택시를 이용하며 대중화됐다. 물론 택시 기사는 승객이 추가 지불하는 콜 요금을 받는 대가로 콜택시 기업에 매달 통신비와 수수료를 내야 했다.

스마트 모빌리티

카카오 T

택시 / 대리운전 / 주차 / 내비를 하나로

ⓒ 카카오T 홍보 영상 캡처

카카오 택시(현 카카오T 택시)

이 수익 구조를 깨뜨리는 사건이 있었으니, 바로 2015년 카카오 택시 서비스의 등장이다. 국민 대다수가 사용하는 카카오톡이라는 메신저의 힘을 이용해 '공짜 콜택시'를 출시한 것이다. 승객은 별도의 지출 없이 편리하게 택시를 부를 수 있고, 택시 기사는 매달 나가던 회비를 내지 않아도 콜을 받을 수 있게 됐다.

카카오 택시는 승객과 택시 기사 양쪽의 의견을 수렴하며 발 빠르게 서비스를 개선해 나갔다. 예전 콜택시처럼 승객과 택시를 연결해 주는 인간 안내원은 필요가 없다. 이 역할은 정교하게 디자인된 프로그램과 인공지능이 대신한다. 스마트폰을 열어 택시를 부르기만 하면 GPS가 내 위치를 자동으로 파악해 택시 기사에게 전달하기에 구구절절 설명할 일도 없다. 여성 승객이라면 걱정되는 택시 범죄도 카카오 택시를 이용하면 지인에게 내가 택시를 탔다는 사실을 알릴 수 있어 안심이 된다.

택시 기사는 카카오 택시를 이용하는 승객이 급증하면서 이를 선택하지 않을 수 없게 됐다. 초기에는 무전기(기존 콜택시)와 스마트폰(카카오 택시)을 동시에 달고 있는 택시를 심심찮게 볼 수 있었다. 또한 도착지 안내, 택시 수요 지도 등 기존 콜택시 서비스가 제공하지 못하는 편리한 서비스를 이용할 수 있으니 이를 마다할 이유가 없었다. 카카오 택시는 승객과 택시 기사 양쪽을 빠르게 흡수하며 덩치를 키웠다. 애초부터 기존 콜택시 기업에 상대가 되지 않는 게임이었다.

그럼 카카오 택시는 무엇으로 수익을 낼까. 예전 카카오톡 서비스가 처음 등장했을 때만 해도 '사용자는 많으나 수익 모델이 없다.'는 숙제를 오랫동안 풀지 못하고 있었다. 그러나 한 번 숙제를 마쳤기에 더는 문제가 되지 않았다. 승객에게는 비선호 목적지도 빨리 배차를 받는 '스마트 호출(현재는 폐지)' 또는 '블루 호출' 등의 유료 서비스를, 택시 기사에게는 다른 기사보다 먼저 콜을 받는 프로 멤버스 유료 서비스를 각각 내놓았다.

사실상 예전 콜택시와 다를 바 없는 수익 구조이지만, 카카오 모빌리티는 매우 영리하게 서비스를 운영하고 있다. 우선 무료 서비스는 그대로 남겨 놓았다. 다만 유료 서비스가 등장하면서 기존 무료 서비스가 불편해졌을 뿐이다. 강제한 것이 아니라 원하면 돈을 내고 더 편리한 서비스를 이용하라는 것이니 반박하기에도 쉽지 않다.

2021년 기준 전국 택시기사 24만 3,709명 중에 카카오T에 가입한 기사는 22만 6,154명으로 약 92.8%가 이용 중이다. 카카오T에 가입한 택시 기사 중에 타 서비스에 중복해서 가입한 사람도 있겠지만, 콜택시 분야에서는 현재 완전한 독점적 위치에 있다고 해도 과언이 아니다.

T맵 택시(현 우티)

카카오 택시와 거의 비슷한 시기에 SK플래닛은 'T맵 택시' 앱을 출시했다. 우리나라에서 가장 많은 사용자를 보유하고 있는 내비게이션인 T맵을 기반으로 한 택시 호출 서비스다. T맵의 역사는 2002년까지 올라가는데, 세계 최초의 모바일 내비게이션이라는 엄청난 타이틀을 갖고 있다. 구글 지도가 상용화된 2005년보다도 빠르고, 아이폰

우티 퍼스트클래스 택시 광고 이미지.
ⓒ 우티

이 등장한 2007년보다도 빠르다. 그러니까 피처폰 시절부터 존재하던 내비게이션이라고 보면 된다.

T맵은 SK텔레콤 기반의 기기에 기본 탑재돼 이용자가 빠르게 증가했다. 원래 SK텔레콤 통신 환경에서만 쓸 수 있었지만, 2011년 다른 통신사에서도 요금을 내고 쓸 수 있도록 바뀌었다가, 2016년부터 전면 무료로 개방됐다. 실시간 교통정보를 수집해 길 안내에 반영하는데, 기본 성능이 뛰어난데다가 워낙 많은 운전자가 T맵을 쓰기 때문에 다른 서비스와 비교 불가한 풍부한 차량 운행 데이터를 바탕으로 정확한 안내를 할 수 있다.

T맵 택시는 점유율 1위의 내비게이션인 T맵을 바탕으로 만든 콜택시 서비스다. T맵을 바탕으로 만든 만큼, 내비게이션에 관한 자신감을 가지고 만든 기능들이 눈에 띈다. 예를 들어 '최단 도착시간 배차' 기능은 단순 거리가 아니라 경로 비교로 최단시간에 도착할 수 있는 택시를 배차하는 기능이다.

택시 기사는 호출에 빠르게 응답할 수 있고, 승객은 기다리는 시간이 짧아져 일석이조다. 또 도착지까지 걸리는 거리와 시간을 계산해 예상 택시비를 알려 주는 기능도 있다. 예상 금액과 실제 금액이 언제나 똑같지는 않지만, 고객은 택시를 타기 전에 대략적인 비용을 파악할 수 있다는 점에서 매우 유용한 기능이다.

그러나 시작은 비슷했지만 T맵 택시는 카카오 택시에 완전히 주도권을 빼앗긴 상태라고 할 수 있다. 카카오톡 사용자라면 클릭 한 번으로 쉽게 카카오 택시에 가입할 수 있지만, T맵 택시는 복잡한 가입 절차를 거쳐야 한다. 초창기 서비스는 사용자 의견을 빠르게 반영해야 하는데, 이런 대응도 카카오

택시보다 상대적으로 늦었다. 결정적으로 카카오 택시가 택시회사들을 인수하며 몸집을 키울 동안 T맵 택시는 적극적으로 행보를 넓히지 못했다.

2021년 T맵 택시는 세계적인 차량 공유 회사 우버와 손잡고 조인트 벤처 '우티(UT)'를 출범했다. 자본과 기술을 투입해 열세를 만회하겠다는 생각으로 보인다. 그러나 첫 화면이 우티로 보이는 것을 제외하면 우버 앱과 거의 비슷한 모습이다. 우버는 지역마다 구글 지도를 사용하거나 자체 제작한 지도를 쓰는데, 우티는 T맵을 사용하는 것이 차이점이다.

아직 우버와 T맵의 결합이 원활하지 않은 탓인지 구동이 불안정한 문제가 터져 나오고 있고, 인터페이스도 국내 정서와 맞지 않는다는 비판도 있다. 그러나 카카오T의 독점적 행보에 불만을 가진 택시 기사들은

T맵 택시와 카카오 택시 앱.
ⓒ Daum 앱스토리

카카오T의 대항마로 환영하고 있다. 어떤 서비스이든지 독점보다는 팽팽한 경쟁이 일어나야 품질도 좋아지고, 고객의 혜택도 늘어나기 마련이다.

T맵 택시로 호출하는 방법.
ⓒ SK 텔레콤

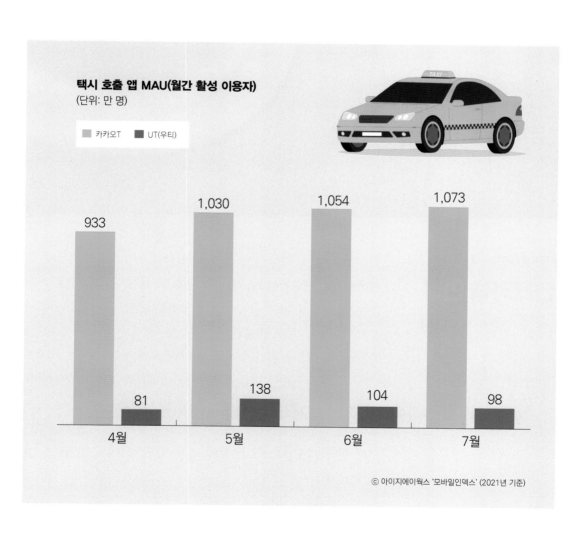

택시 호출 앱 MAU(월간 활성 이용자)
(단위: 만 명)

카카오T UT(우티)

	4월	5월	6월	7월
카카오T	933	1,030	1,054	1,073
UT(우티)	81	138	104	98

ⓒ 아이지에이웍스 '모바일인덱스' (2021년 기준)

렌터카를 연결

렌터카란 구매하지 않고 빌려 사용하는 자동차를 뜻한다. 렌터카는 빌리는 기간에 따라 장기와 단기로 나뉘는데, 우리나라에서 장기 렌터카는 주로 수도권을 중심으로, 단기 렌터카는 제주도를 중심으로 발달해 있다. 1975년 '대한렌터카'가 서울에서 사업을 시작했고, 3년 뒤인 1978년 제주도에서 렌터카 서비스가 생겼다. 우리나라에서 렌터카가 활성화된 시기는 1988년부터다. 당시 우리나라는 올림픽을 치르면서 외국인 관광객에게 편의를 제공하기 위해 렌터카 사업을 확장했는데, 점차 일반인에게도 인식되며 널리 보급되기 시작했다.

장기 렌터카의 경우, 매월 일정 금액을 지불하기만 하면 보험, 차량 관리 등을 모두 렌터카 업체에서 대행해 준다. 개인이 이용

하기도 하지만, 법인에서 회사 임원용 차량, 업무용 차량으로 사용하기 위해 이용하는 경우가 많다. 전체 기간으로 비교하면 자동차를 직접 구매하는 것보다 비용이 들지만, 차량 관리를 할 필요가 없고 혹시 사고가 나더라도 책임 소재에서 벗어날 수 있어 법인에서 선호한다.

단기 렌터카는 주로 관광지에서 발달한다. 제주도는 자차를 가져오기가 어려운 특성 탓에 단기 렌터카가 가장 활성화된 지역이다. 관광객의 상당수는 공항에 내린 뒤 렌터카를 빌려 여행을 즐긴다. 렌터카 업체에 가서 원하는 차량과 빌리는 기간을 설정한 뒤에 운전면허 확인과 같은 간단한 계약 절차를 거치면 차를 빌릴 수 있다.

렌터카 업체는 고객이 차량을 빌렸다가 반납할 때마다 차량 상태를 점검해야 하고, 연료를 사용한 양을 계산해 청구 금액을 정하는 등 관리해야 할 요소가 많다. 차를 빌려주는 기간이 짧을수록 이런 관리 요소가 늘어나기에 단위 시간 비용은 더 커진다. 그래서 보통 단기 렌터카라도 하루 단위로 빌려준다. 최근에는 3시간 단위까지 빌려주기도 하지만, 더 짧은 시간을 빌린다고 하더라도 관리 비용은 그대로이기에 비용이 많이 싸지지 않는다.

고객이 차량을 다 사용하고 반납하려면, 보통은 차량을 빌렸던 장소에 되돌아가야 한다. 반납 시간도 렌터카가 정한 영업시간 내로 정해져 있는데, 제때 반납하지 못하면 추가 요금을 내야 한다. 빌리는 곳과 반납하는 곳을 다르게 하는 편도 운행 서비스가 있기는 하지만, 많은 렌터카 업체가 꺼린다.

카셰어링 서비스별 특징

서비스명	주요 특징
쏘카	카셰어링 점유율 1위. 가장 많은 4,000개 카셰어링 존을 운영한다.
그린카	우리나라 최초의 카셰어링. 3,200개 카셰어링 존을 운영한다.
딜카	원하는 곳까지 차를 배달해 준다.
피플카	기본 대여료가 저렴하다.
유카	코레일네트웍스가 운영해 KTX역과 공항 중심이다. (서비스 종료)

　이유는 수요에 따라 어떤 차고지는 차량이 남아돌고 어떤 차고지는 차량이 부족해질 수 있기 때문이다. 또 이런 서비스를 하려면 차고지마다 몇 대의 차량이 있는지 실시간 파악은 기본이고, 특정 시기마다 어떤 곳이 남고 어떤 곳이 부족한지 정확히 예측할 수 있어야 한다. 차고지 한두 개를 운영하는 것만 해도 어려운데, 차고지 수가 수십, 수백 개로 늘어나면 경우의 수가 너무 많아져 계산하는 것이 불가능해진다.

　그러나 인공지능으로 무장한 모빌리티 서비스가 렌터카 서비스에 도입되면, 이런 문제를 해결할 수 있다. 축적된 데이터를 기반으로, 어느 순간에 어느 차고지에 차량이 남고 부족한지 정확히 예측할 수 있다. 복수 개의 차고지를 운영하면서, 하루 단위가 아니라 시간 단위로 빌려주는 서비스가 가능

해진다는 뜻이다. 더 나아가 차량이 넘치는 곳은 비용을 저렴하게 책정하고, 부족한 곳은 비싸게 책정하는 등으로 수요와 공급을 조절할 수도 있다. 이런 서비스를 '카셰어링' 또는 '차량 공유 서비스'라고 부른다.

우리나라 최초의 카셰어링 업체는 '그린카'로 2011년 첫 서비스를 시작했다. 이후 '쏘카'가 서비스를 시작했고, 딜카, 피플카, 유카 등 다양한 카셰어링 업체가 등장했다. 서비스 운영 방식은 거의 비슷하다. 전용 앱을 설치하고 회원 가입을 하면, 지도에서 일명 '카셰어링 존'을 찾은 뒤 차량을 예약할 수 있다. 차량이 있는 곳까지 찾아가서 앱의 스마트 키 기능으로 도어락을 해제하고 탑승하면 된다. 차량을 쓰고 난 뒤 빌렸던 자리에 반납할 필요는 없다. 해당 서비스 업체가 제공하는 카셰어링 존이라면 어디든 반납해도 된다. 주유비 정산도 간단하다. 운행 거리에 따라 계산해서 사전에 등록한 신용카드에서 알아서 결제 처리가 가능하다.

현재 우리나라 카셰어링 사업의 양대 산맥은 쏘카와 그린카다. 쏘카는 그린카에 이어 두 번째로 카셰어링 서비스를 시작했다. 이용자 수 700만 명으로 점유율 1위이며, 1만 2,000대의 자동차를 전국 4,000개 '쏘카존'에서 빌릴 수 있다. 국내 최초 카셰어링 업체인 그린카는 KT렌탈을 거쳐 롯데렌탈이 인수했다. 9,000대의 자동차를 전국 3,200개의 '그린존'에서 빌릴 수 있다. 롯데렌탈이 인수한 뒤 롯데마트, 하이마트의 주차장을 차고지로 활용하는 등 롯데 인프라와 접점을 만들기 위해 노력 중이다.

이런 카셰어링 서비스는 앞서 언급한 대로 일반 단기 렌터카보다 짧게 빌릴 수 있고, 반납이 자유로운 것 외에도 생활권 가까이에서 빌릴 수 있어 유용하다. 카셰어링 업체들이 경쟁적으로 카셰어링 존을 늘리면서, 대도시의 경우는 웬만한 곳에서는 걸어가서 차를 빌릴 수 있을 정도로 촘촘히 배치되어 있다. 정말 필요할 때 어디서든 쉽게 빌리고 아무 곳에서나 반납할 수 있다는 점이 카셰어링 서비스의 장점이다.

다만 오래 빌리면 렌터카보다 더 비싸니 주의하자. 며칠씩 빌리는 경우는 기존 렌터카 비용이 더 저렴하니 시간 단위로 꼭 필요한 일에 사용하는 것이 좋다. 이 같은 특징 때문에 카셰어링과 렌터카는 아직은 공존하면서 상호 보완적인 역할을 하고 있다.

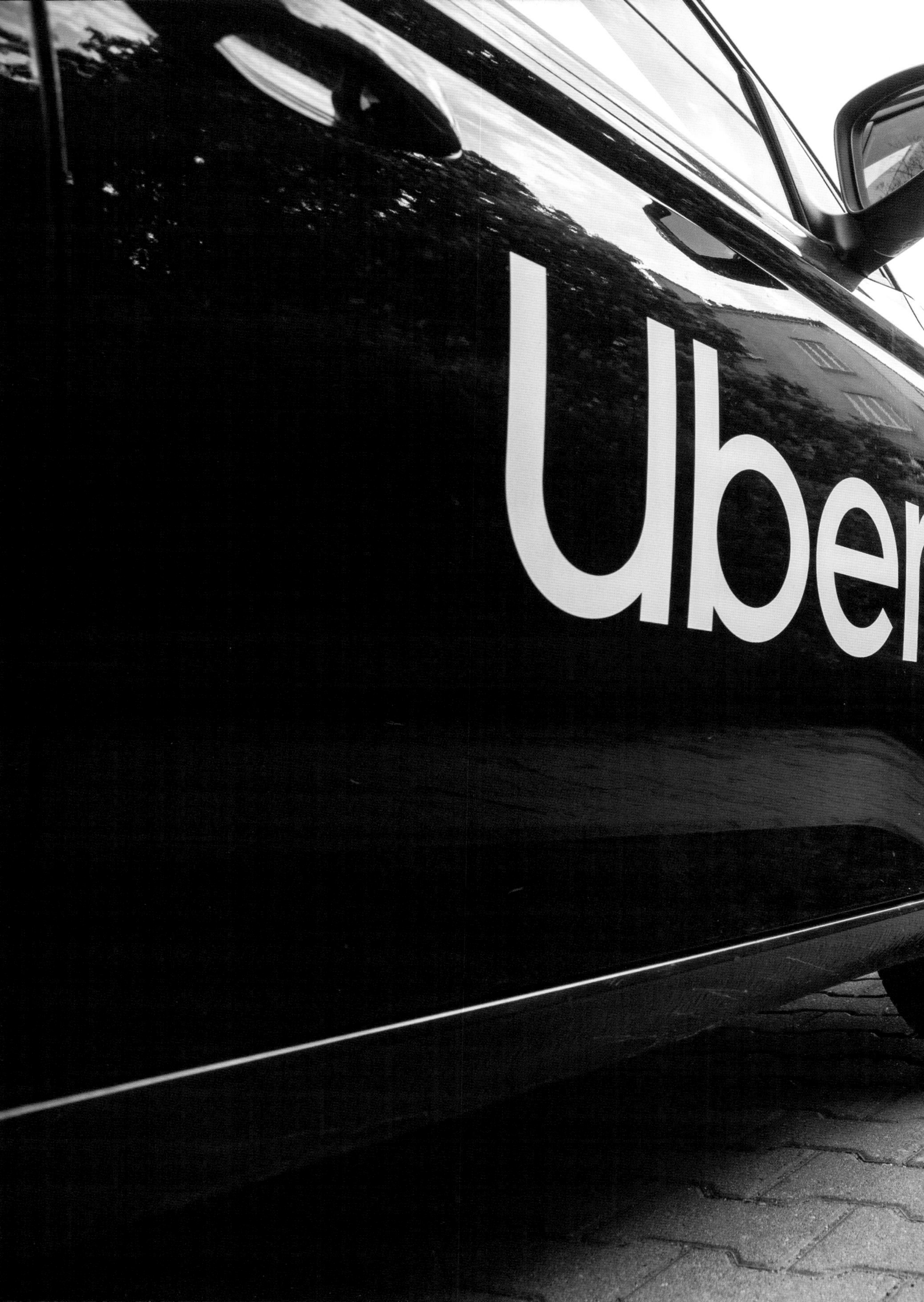
Uber

모빌리티와
기존 사업의 충돌

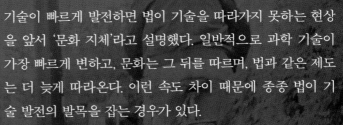

기술이 빠르게 발전하면 법이 기술을 따라가지 못하는 현상을 앞서 '문화 지체'라고 설명했다. 일반적으로 과학 기술이 가장 빠르게 변하고, 문화는 그 뒤를 따르며, 법과 같은 제도는 더 늦게 따라온다. 이런 속도 차이 때문에 종종 법이 기술 발전의 발목을 잡는 경우가 있다.

예를 들어 인터넷이 발달하면서 다른 사람의 명의를 도용하는 등의 개인정보 침해 문제가 대두됐다. 상당 기간 개인 정보 문제가 심각해지고 나서야 뒤늦게 개인정보 보호법이 제정되는 식이다. 의학의 발달로 기대 수명이 늘어나면서 노인 인구가 빠르게 증가하지만, 이들 대부분은 고정 수익이 없어 생활고를 겪는 문제가 등장했다. 고령 사회를 위한 사회적 안전장치는 이런 문제가 터진 뒤에야 마련되는 법이다.

반대의 예도 있다. 기술 발달 전에는 규제할 필요가 없었던 영역을 발 빠르게 찾아서 수익사업으로 만드는 경우다. 이 경우 허술한 법규가 기술을 통제하지 못해 기존 사업자를 보호하지 못하는 일이 생긴다. 바로 모빌리티 분야에서 이렇게 기술이 법의 빈틈을 공략하는 일이 생겼다. 콜택시, 카셰어링으로 모빌리티 서비스의 가능성을 엿본 기업들은 이내 다른 '먹거리'를 찾기 시작했다.

우버

세계적으로 모빌리티 분야에서 가장 앞서가는 기업을 꼽자면, 대부분의 사람들이 우버를 선택할 것이다. 2009년 창립한 우버는 차량 공유를 표방하는 운송 네트워크 회사로, 미국을 비롯해 세계 100개 이상의 도시에서 사업을 진행하고 있다. 모빌리티 서비스가 가진 특성상, 기존 운송 사업과 충돌이 불가피하기에 우버는 세계 여러 나라에서 다양한 종류의 법률과 충돌하며 각양각색의 소송전을 벌이고 있다.

우리나라도 마찬가지다. 우버를 대표하는 서비스이자 핵심은 '우버 X'라고 할 수 있는데, 초기부터 강한 반발에 부딪혔다. 자동차를 소유한 개인이 필요한 서류를 갖춰 우버에 제출하면 '우버 X 기사'로 등록되고, 우버 앱에서 차량을 호출하는 승객을 이송하고 대가를 받을 수 있다. 한마디로 운전할 줄 알고 자차가 있으면, 택시 면허가 따로 없어도 택시처럼 영업을 할 수 있도록 해 준다는 것이다.

이런 서비스가 들어오는 것을 기존 택시 기사들이 가만둘 리가 없다. 택시 기사가 되려면 운전적성 정밀검사와 필기시험을 치러 택시 운전자격증을 취득해야 한다. 택시 운전자격증은 지역별로 다르게 발급되기에, 다른 지역에서 영업하려면 다시 재응시해야 한다. 법인 택시가 아니라 개인택시 기사가 되는 건 훨씬 더 까다롭다. 법인 택시 운전사는 고용인이지만, 개인택시 운전사는 독립된 사업자로 인정된다. 개인택시 면허의 신규 발급이 중단됐기에, 개인택시를 운행하고 싶은 사람은 기존 면허를 가진 사람으로부터 양수받아야 한다. 현재 개인택시 면허는 1억 원에 달하는 고가에 거래되나, 가격은 점점 하락하는 추세다.

택시 기사 또는 택시 업체가 볼 때, 우버 X는 이런 기존 절차와 노력을 완전히 무시하는 서비스다. 우버 X 기사는 복잡한 면허 취득도 필요 없이 손쉽게 수익을 만들 수 있기에 기존 택시 기사들이 반발할 수밖에 없다. 우버는 "자신들은 운송사업자가 아니며, 공유경제 서비스 기술만 제공할 뿐"이라고 주장하지만, 많은 국가는 이런 주장을 받아들이지 않고 있다. 유럽 연합은 우버가 운송업체라는 판결을 내렸고, 우버 X 기사는 자영업자가 아닌 근로자라고 판단했다. 근로자이기에 노동 시간, 임금, 세금, 노동조합 등 법이 정한 규제를 받아야 한다는 뜻이다.

우리나라 국토교통부도 "우버는 자가용과 렌터카로 유상 운송 서비스를 금지하는 법을 위반했다."라고 밝혔다. 우버는 이런 결정에도 2014년 과감하게 우버 X 서비스를 강행했다. 이에 서울시는 '우버 서비스에 관한 신고 포상금 조례'를 만들어 최대 백만 원의 포상금을 제공하며 단속에 나섰다. 결국 우버는 2015년 2월 '우버 X 전면 무료화'를 선언했다. 승객에게 돈을 받지 않으면 규제 대상이 아니니 우선 급한 불은 끈 셈이다.

전면 무료화라는 말은 승객은 공짜로 서비스를 이용하고, 기사에게 지급하는 비용을 전부 우버가 부담한다는 의미다. 이 말도 안 되는 서비스는 엄청난 투자금을 바탕으로 자본력을 갖춘 우버이기에 가능한 조치였다. 아마 우버는 공짜 서비스로 이용자를 끌어모은 다음, 이용자의 목소리를 통해 규제를 해결하려는 속셈이었을 것이다. 그러나 상황은 우버의 생각처럼 흘러가지 않았다. 가능성이 없어 보였는지 우버는 한 달도 못 되어 우버 X 서비스를 우리나라에서 철수했다.

한동안 몸을 낮추고 있던 우버는 2021년 SK텔레콤의 자회사인 T맵모빌리티와 합작 법인을 설립하고 우티(UT)를 출범했다. 우티는 택시 면허를 가진 기사가 운영하기에 합법적인 콜택시 사업이다. 카카오 택시가 콜택시 시장을 거의 장악한 가운데, 우버의 기술력에 올라탄 우티가 사업을 어떻게 전개해 나갈지 지켜보는 것도 흥미 요소다.

우리나라에서는 불법이지만 우버 X 서비스가 합법적으로 운영되고 있는 국가도 있다. 우선 우버가 탄생한 미국은 주별로 다르지만, 합법적으로 운영 중인 주가 존재한다. 이외에 호주(남부), 뉴질랜드, 멕시코, 폴란드, 중국, 러시아, 필리핀 등에서 우버 X 서비스가 운영 중이다. 우리나라와 어떤 차이가 있기에 정식 서비스로 운영 중일까? 허가가 난 국가를 보면 분명한 특징이 있다는 걸 알 수 있다.

첫째, 택시 면허제도가 없거나 제대로 운영되지 못하는 국가들이다. 멕시코, 중국은 정식 면허 택시와 불법 택시가 공존하며, 불법 택시를 완벽하게 통제하지 못하고 있다. 러시아와 필리핀의 경우 택시 면허제도가 아예 없다. 이런 국가들은 우버 X 서비스를 운영하기에 걸림돌이 없다고 할 수 있다.

둘째, 국토가 넓고 인구 밀도가 낮아서 상대적으로 택시가 부족한 국가들이다. 미국, 폴란드, 호주, 뉴질랜드 등이 여기에 해당한다. 이들 나라에서는 택시를 이용하고 싶어도 택시를 쉽게 잡는 것이 불가능하기에 우버 X 서비스가 교통 사각지대를 메우는 역할을 훌륭하게 수행할 수 있다. 따라서 정부의 교통체계와 상생하는 구조를 만들 수 있었다.

카카오T 카풀

카카오T 카풀은 대한민국판 우버 X라고 할 수 있다. 카풀이란 같은 방향으로 가는 사람끼리 자동차를 함께 타고 가는 행위를 말한다. 이때 승객은 차량 소유주이자 운전자에게 일정 비용을 지불하기도 한다. 카카오 카풀은 우버의 실패를 반면교사로 삼아 국내 법령을 위반하지 않도록 면밀하게 검토해 만들어진 서비스다. 이에 해당하는 법령은 아래와 같다.

즉, 예외 사항인 출퇴근 때 승용자동차를 함께 타는 경우 유상 서비스가 가능하다는 점을 이용해 출퇴근 시간에만 이용하는 서비스를 만들었다. 또한 금융감독원과 보험사는 '카풀을 통해 얻는 이익이 월 60만 원 이하라고 한다면 운송 원가를 고려할 때 적극적인 영업 행위가 아니므로, 유상 운송의 범위가 아니다.'라고 해석한 바 있다.

2018년 초 카풀 업체 '럭시'를 인수한 뒤 7만 명의 일반인 운전자를 모으는 등 착실히 준비하던 카카오모빌리티는 2018년 말 카풀 서비스를 정식으로 시작하겠다고 발표했다. 택시 요금의 70~80% 정도의 비용으로 이용할 수 있다는 점을 대대적으로 홍보했다. 택시업계는 대규모 집회와 총파업에 나서는 등으로 맞대응했고 양측은 팽팽히 맞섰다.

그런데 서비스 개시를 일주일 앞두고 택시 기사가 이에 항의하며 분신하는 사건이 터졌다. 소속 택시 업체의 노조 간부였던 그는 국회 앞에서 분신자살하겠다고 예고했다고 한다. 국회로 들어가려던 도중 경찰이 검문하자 도망가서 자동차에 불을 붙였고, 병원으로 급히 옮겼으나 치료 도중 사망했다.

결국 카카오모빌리티는 예정됐던 카풀 서비스를 잠정 중단하기로 결정했다. 그 뒤 1년 동안의 진통 끝에 2021년 국토부, 카카오모빌리티, 4개 택시 단체가 참여하는 대타협기구가 출범해 평일 7~9시, 오후 6~8시에 한해 카

풀 서비스를 허용하는 합의안을 발표했다. 아직 카풀 서비스는 재개되지 않았으나 이해 당사자 간에 최소한의 합의에 이른 것으로 보인다.

타다

국내 카셰어링 1위 업체인 쏘카는 2018년 스타트업이었던 VCNC를 인수해 '타다' 서비스를 시작했다. 구조는 렌터카 사업이지만, 실제 서비스는 콜택시처럼 운영되는 독특한 사업 모델을 갖고 있었다. 타다 역시 카카오 카풀처럼 국내 법령을 위반하지 않으면서, 서비스가 가능하도록 우회해서 만들어진 서비스다. 이에 해당하는 법령은 아래와 같다.

영업용 자동차가 아닌 자동차(자가용 자동차)를 유상(자동차 운행에 필요한 경비 포함)으로 운송용으로 제공하거나 임대하여서는 아니 되며, 누구든지 이를 알선하여서는 아니 된다(여객자동차 운수사업법 제81조 제1항 본문). 이를 위반한 때에는 처벌 대상이다(여객자동차 운수사업법 제90조 제8호).
다만, 다음 각 호의 어느 하나에 해당하는 경우에는 유상으로 운송용으로 제공 또는 임대하거나 이를 알선할 수 있다. (여객자동차 운수사업법 제81조 제1항 단서).
– 출퇴근 때 승용자동차를 함께 타는 경우
– 천재지변, 긴급 수송, 교육 목적을 위한 운행. 그 밖에 국토교통부령으로 정하는 사유에 해당되는 경우로서 시·군·구의 장의 허가를 받은 경우. 이 경우에 관하여 구체적인 사항은 같은 법 시행규칙 제103조에 규정되어 있다.

즉, 타다는 렌터카로 유상 운송을 하는 행위는 금지돼 있지만, 예외 조항에 있는 승차 정원 11인승 이상 15인승 이하인 승합자동차를 임차하는 사람은 괜찮다는 법률 조항을 파고든 서비스다. 타다 차량이 모두 11인승 이상의 승합차였던 이유이기도 하다. 타다는 이 조항을 활용해 승합차와 운전기사를 동시에 빌려주는 형식상으로는 렌터카 사업이지만, 실상은 콜택시 사업을 진행한 것이다.

당연하게도 택시업계는 반발했다. 서울개인택시조합은 타다를 여객법 위반으로 검찰 고발했다. 개인택시 기사가 타다 반대 집회에서 자살하는 사고가

여객자동차 운수사업법 제34조(유상운송의 금지 등) ① 자동차 대여사업자의 사업용 자동차를 임차한 자는 그 자동차를 유상(有償)으로 운송에 사용하거나 다시 남에게 대여하여서는 아니 되며, 누구든지 이를 알선(斡旋)하여서는 아니 된다. 〈개정 2015. 6. 22.〉

② 누구든지 자동차 대여사업자의 사업용 자동차를 임차한 자에게 운전자를 알선하여서는 아니 된다. 다만, 외국인이나 장애인 등 대통령령으로 정하는 경우에는 운전자를 알선할 수 있다. 〈개정 2015. 6. 22.〉

③ 자동차 대여사업자는 다른 사람의 수요에 응하여 사업용 자동차를 사용하여 유상으로 여객을 운송하여서는 아니 되며, 누구든지 이를 알선하여서는 아니 된다. 〈개정 2015. 6. 22.〉

여객자동차 운수사업법 시행령 제18조(운전자 알선 허용 범위) 법 제34조제2항 단서에서 '외국인이나 장애인 등 대통령령으로 정하는 경우'란 다음 각 호의 경우를 말한다.

1. 자동차 대여사업자가 다음 각 목의 어느 하나에 해당하는 자동차 임차인에게 운전자를 알선하는 경우

가. 외국인

나. 「장애인복지법」 제32조에 따라 등록된 장애인

다. 65세 이상인 사람

라. 국가 또는 지방자치단체

마. 자동차를 6개월 이상 장기간 임차하는 법인

바. 승차 정원 11인승 이상 15인승 이하인 승합자동차를 임차하는 사람

사. 본인의 결혼식 및 그 부대행사에 이용하는 경우로서 본인이 직접 승차할 목적으로 배기량 3,000시시 이상인 승용자동차를 임차하는 사람

2. 「소득세법 시행령」 제224조제1항제1호에 따른 대리운전 용역을 제공하는 자를 알선하는 자(「소득세법」 제168조제3항, 「법인세법」 제111조제3항 또는 「부가가치세법」 제8조제5항에 따른 사업자등록증을 발급받은 자로 한정한다.)가 자동차 임차인에게 운전자를 알선하는 경우

[전문 개정 2015. 11. 30.]

터지는 등 갈등이 극대화됐다. 갈등이 터졌을 때 빠르게 물러서 합의하는 방식으로 대응했던 카카오모빌리티와 달리, 타다는 정면 돌파를 선택했다. 당시 택시 서비스는 부정적인 여론 일색이었던 것에 반해, 타다 서비스에 관한 평가는 매우 좋았기에 자신감의 표출이었을지도 모른다.

　국토교통부는 2019년 7월 '혁신성장과 상생발전을 위한 택시 제도 개편 방안'을 발표했는데, 기존 택시업계를 보호하기 위해 모빌리티 기업을 지나치게 제한했다는 비판이 나왔다. 타다를 비롯한 모빌리티 기업들이 즉각 이에 반발하면서 양측의 갈등이 계속됐다. 타다는 오히려 '1만 대 증차' 계획을 발표하는 등 맞불을 놓았다.

　그러다 2020년 3월 '타다 사태'에 종지부를 찍은 사건이 있었다. 박홍근 더불어민주당 의원이 발의한 여객법 개정안이 국회를 통과한 것이다. 법령이 바뀌어 더는 타다가 서비스를 유지할 근거가 사라져 버렸다. 바뀐 규정에서는 6시간 이상 대여 또는 항만/공항에서 탑승이라는 조건을 부여해, 사실상 타다의 시내 주행을 불가능하게 만들었다. 이재웅 쏘카 대표는 타다 서비스 중단을 발표하고, 대표 자리에서 내려왔다. 타다는 이후 간편 결제 서비스인 '토스'에 인수되어 새로운 기회와 변화를 모색하고 있다.

상생하는 모빌리티

일련의 사태에서 알 수 있듯이, 모빌리티 서비스는 기존 사업과 갈등을 겪으며 성장한다. 모빌리티 기업이 기존 법령을 요리조리 피해서 서비스를 내놓는 모습이 약삭빠르게 느껴질 수 있지만, 사실 기존 법령이 빠르게 속도를 내고 있는 기술 변화를 제대로 담아내지 못했기에 어쩔 수 없었다고 변명할 수 있다.

반대로 택시 업체를 비롯한 기존 여객 관련 기업의 낙후된 서비스와 밥그릇 지키기가 궁색해 보일 수 있지만, 생존의 문제 앞에서 누가 점잖이 앉아 있을 수 있을까. 우리나라 택시 종사자는 24만 명에 달하며, 모빌리티 기업의 기술력을 앞세운 공세에 이들은 무방비로 당할 수밖에 없는 처지였다. 각자의 사정이 있는 건 양측 모두에게 마찬가지다.

다만 다른 모든 사업 영역과 마찬가지로, 기존 여객 사업도 시간이 문제일 뿐이지 인공지능 기술 기반의 모빌리티 서비스로 전환될 것이 확실시 된다. 국회는 여객법을 개정해서 타다의 운행을 멈춰 세웠고, 국토교통부는 택시 제도 개편 방안을 발표해 기존 택시 사업을 보호했지만 이런 조치는 언제 다른 부작용으로 돌아올지 알 수 없다.

택시 제도 개편 방안에 따르면, 모빌리티 기업은 플랫폼 운송사업, 가맹사업, 중개사업 세 가지 중 하나를 선택할 수 있다. 이중 타입1에 해당하는 플랫폼 운송사업은 기존 타다가 하려던 서비스에 해당하며, 일정 대수 이상의 자동차와 차고지, 보험 등의 요건을 갖춰야 한다. 그러나 매출의 5%를 택시 운전자 근로 여건 개선에 쓰이는 '여객자동차운송시장 안정기여금'으로 납부해야 하는 의무 조항이 있다.

타입2는 법인 택시, 개인택시와 가맹계약을 맺는 방식이다. 카카오

모빌리티 플랫폼 사업 유형

유형	사업 형태	예시
플랫폼 운송사업 type1	사업자가 직접 차량을 확보해 운송업 시행	타다
플랫폼 가맹사업 type2	사업자가 택시를 가맹점으로 확보해 운송업 시행	카카오T블루, 마카롱 택시
플랫폼 중개사업 type3	앱을 통해 운송 중개 서비스 제공	우티, 카카오T

국토교통부가 공개한 플랫폼 운송사업 제도화 방안

ⓒ 국토교통부 2020.11.3

——— 플랫폼 운송사업(Type 1)기여금 ———

매출액의 5%,
운행횟수 당 800원,
허가 대수당 월 40만원
중 선택

스타트업 부담 완화
를 위해 허가 대수
300대 미만 기여금
차등화

고령 개인택시 감차.
택시 운수종사자
근로개선 등 활용

——— 플랫폼 운송사업(Type 1)허가 심의 방안 ———

허가기준
운송플랫폼,
차량(30대 이상),
사설(차고지 등)
보험가입 등

허가 대수 관리
심의단계에서 서비스 차별성,
운송시장 여건을 반영한
평가지표를 통해 허가여부 및
허가 대수 판단

플랫폼 운송 가맹사업 (Type 2) 면허제도 운영방안

A가맹사업자 B가맹사업자

○○택시회사

법인 택시 차량단위
가맹계약 체결 허용

가맹택시 요금 자율신고

예약형 가맹택시 사업
구여 광여화 (시범사업
우선추진)

플랫폼 운송 중개사업 (Type 3) 등록제도 운영방안

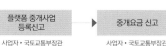

플랫폼 중개사업 등록신고	중개요금 신고	중개요금 수취가능
사업자·국토교통부장관	사업자·국토교통부장관	운송플랫폼 이용자·사업자

T블루, 마카롱 택시 등이 해당된다. 마지막 타입3은 카카오T와 같은 앱을 통해 택시 기사들에게 서비스를 제공하고 수수료를 받는 방식으로, 카카오T와 우티가 해당한다.

일련의 갈등에서 최대 수혜자는 카카오모빌리티로 보인다. 어떤 형태로 사업을 하던지 자금력이 뒷받침되지 않으면 어려운 구조로 바뀌었기 때문이다. 자금력이 상대적으로 부족한 기술 기반의 모빌리티 스타트업은 주로 타입1을 선택해야 할 텐데, 매출에서 떼어가는 안정기여금 부담이 만만치 않아 진입하기 쉽지 않다.

시장의 지배자인 카카오모빌리티는 택시 제도 개편 방안 발표 후에 적극적으로 택시회사를 인수하기 시작했다. 기존 타입3 사업에서 타입2까지 진출하려는 의도로 읽힌다. 그리고 2019년 말까지 9개 법인 택시를 인수해 명실공히 우리나라 최대의 택시회사가 됐다. 카카오모빌리티 측은 "택시에 IT 기술을 직접 접목했을 때 어떤 운영 효과가 있을지 소규모로 시범 진행을 해 보자는 의도로 인수하고 있다."라고 설명했다. 추후 더 많은 택시 법인 인수를 할 가능성을 열어 놓았다는 뜻이다.

국내 모빌리티 서비스에서 택시 기사의 92%가 카카오T를 설치할 정도로 카카오모빌리티의 지배력은 매우 과도한 편이다. 서비스가 건전하게 성장하려면 경쟁자가 필요한데, 이번 법령 및 제도 개편으로 신규 경쟁자 유입이 어려워졌다. 기존 일자리 보호와 신사업 발전 두 가지 상충하는 가치가 균형을 이루면서 발전하도록 조심스럽게 정책을 세우고 운영해야 한다는 이야기가 나오는 이유이기도 하다.

모든 탈것과 연결하다

시간을 거슬러 2004년, 서울의 버스 운행 체계는 완전히 바뀌었다. 변화의 핵심은 환승이었다. 당시 버스를 갈아타면 요금을 다시 내야 했는데, 이걸 추가 비용 없이 갈아탈 수 있게 바꾼 것이다. 버스는 물론이고 지하철과도 연계했다. 대신 처음 탔을 때와 내렸을 때의 거리를 환산해 요금이 청구되도록 했고, 이를 편리하게 이용하도록 T-머니, 교통카드라는 편리한 지불 시스템도 개발했다. 이와 함께 버스 전용 차로를 도입해 버스 운행 속도를 개선했다.

변화가 워낙 급진적이었기에 초기에는 불편하다는 불만이 나왔지만, 조금 지나자 변화의 효과가 나타나기 시작했다. 더 빨리 가고, 비용은 줄어들자 버스와 지하철 이용자가 크게 늘었다. 환승 체계 개편은 당시 이명박 서울 시장의 대표적인 업적으로 꼽힌다.

2004년과 비교할 때 지금은 모든 교통정보가 실시간으로 수집되고 있고, 이들 정보를 통합하고 분석해 최적의 제안을 할 수 있는 인공지능 기술이 있고, 이런 정보를 각자에게 전달할 스마트폰이 모든 사람의 손에 들려 있다. 더 많은 연결이 가능해졌다는 뜻이다. 모빌리티 서비스가 꿈꾸는 세상은 어떤 모습일까? 아마도 출발지와 도착지만 결정하면, 그 사이에 있는 모든 종류의 탈것이 하나의 유기체처럼 연결되는 서비스일 것이다.

예를 들어 보자. 부산 해운대구 송정동에 사는 이승현 씨는 서울 강남구 대치동의 친구 집에 가려고 한다. 통합 대중교통 앱을 켜고 출발지와 목적지, 그리고 출발시간을 입력하

자 어떻게 갈 수 있는지가 일목요연하게 나열된다. 1번 추천 경로는 송정동에서 부산역까지 택시, 부산역에서 서울역까지 KTX, 서울역에서 대치동까지 택시를 이용하는 경로다. 2번 추천 경로는 택시 대신 지하철이나 버스를 이용하는 경로다. 3번 추천 경로는 부산에서는 택시를, 서울에서는 지하철을 이용하는 경로다. 이 씨는 가장 시간이 적게 걸리는 3번을 선택했다.

경로를 선택하자 전체 이동하는데 지출해야 할 비용이 나온다. 이 씨는 간편 결제를 사용해서 이 모든 금액을 단번에 결제했다. 출발시간에 맞춰 나가자 택시가 기다리고 있다. 부산역에서 도착하자 오래 기다리지 않아 KTX에 탈 수 있었다. 서울역에서 대치동까지는 지하철로 이동했는데, 스마트폰 NFC 기능으로 탑승구를 지날 수 있었다.

지하철에서 내린 곳이 목적지와 2km 정도 떨어져 있지만 문제없다. 지하철부터 목적지까지는 전동 킥보드로 이동하면 되니까 말이다. 지하철역 근처에 있는 '마이크로 모빌리티 존에서 앱의 버튼을 누르자 예약된 킥보드의 LED가 반짝이며 잠금장치가 풀렸다. 이 씨는 전동 킥보드로 목적지까지 편하게 이동할 수 있었다.

미래의 모빌리티 서비스는 이처럼 모든 교통수단을 연결해 하나처럼 이용할 수 있게 해 준다. 그리고 놀랍게도 이 서비스는 이미 현실 세계에 구현돼 있다. 물론 우리나라는 아니다. 핀란드의

'휨(Whim)'이 그 주인공이다. 휨은 핀란드 정부, 통신사, 대중교통 업체가 합작해 만든 교통 플랫폼이다. 위에 언급한 대로 여러 이동 수단을 이용해도 결제는 한 번만 하면 된다. 버스와 택시 같은 대중교통뿐만 아니라 전기 자전거, 전동 킥보드와 같은 '마이크로 모빌리티'까지 제공한다.

사실 마이크로 모빌리티 서비스가 단독으로 존재할 때는 효용 가치가 높지 않다. 해당 서비스의 존재를 아는 일부 고객이 주로 레저용으로 사용하는 정도에 그친다. 그러나 버스나 지하철과 같은 대중교통과 연결해서 서비스하는 순간, 주요 이동 수단으로서 서비스 가치가 급상승한다. 1~3km 정도의 택시로 가기에는 가깝고, 걷기에는 먼 거리의 이동을 마이크로 모빌리티 서비스가 담당할 수 있다. 카카오 모빌리티가 수익성이 좋지 않음에도 전기 자전거 대여 서비스인 '카카오T 바이크'를 서비스하는 이유도 핀란드의 휨처럼 통합 모빌리티를 구축하려는 의도로 보인다.

어쨌든 핀란드의 휨은 미래 모빌리티라고 생각했던 일을 가장 빨리 도입해서 상용화하는 데 성공했다. 정부, 통신사, 대중교통 업체 등 각각의 이해관계자가 잘 합의하고 협력했을 때 어떤 결과를 당장 만들어 낼 수 있는지를 보여 주는 좋은 사례. 모든 탈것과 연결하는 일은 기술적인 문제보다 합의의 문제다.

'Whim'은 핀란드 헬싱키에 있는 여러 교통수단을 하나의 앱 안에서 모두 연동되는 서비스이다.

모든 것과 연결하는
커넥티드카

모빌리티 서비스의 핵심은 연결이라고 말했다. 승객과 모든 탈것을 제대로 연결하기만 해도 예전에 없던 편리한 서비스가 만들어진다. 처음 시작은 콜택시, 렌터카와 같은 기존 서비스를 편리하게 이용하게 해 주는 정도지만, 이 연결이 발전하면 핀란드의 휨과 같은 통합 모빌리티 서비스까지 가능하게 해 준다.

그럼 개별 자동차는 어떤 연결을 할 수 있을까? 우리가 사는 세상은 온갖 정보로 넘쳐난다. 자동차가 이들 정보와 연결하면 다양한 서비스를 만들어 낼 수 있다. 이렇게 무선통신을 기반으로 주변 사물과 소통하고 서비스하는 자동차를 '커넥티드카'라고 부른다. 어떤 사람은 커넥티드카를 '달리는 스마트폰'이라고 비유하기도 하는데, 복잡한 기술 용어 없이 가장 쉽게 이해할 수 있는 표현이다.

스마트폰이 대단한 이유는 기기 자체의 능력이 뛰어나서가 아니다. 저가 스마트폰도 플래그십 스마트폰이 할 수 있는 일을 대부분 할 수 있다. 기기의 성능을 타는 고사양 게임을 돌리는 건 무리지만, 주변 사람과 소통하고, 인터넷으로 필요한 정보를 검색하고, 집에 있는 가전제품을 제어하는 등의 일은 저가 스마트폰도 무리 없이 해낸다. 이럴 수 있는 이유는 '연결의 힘'이다. 네트워크에 연결되면 개개 스마트폰은 명령을 내리고(입력), 결과를 받는(출력) '단말기'의 역할을 하고, 복잡한 연산은 고성능 서버가 담당하기에 저가 스마트폰도 대부분의 일을 해낼 수 있다.

커넥티드카는 이런 스마트폰의 자동차 버전이다. 좀 더 길게 표현하면 '무선 네트워크와 연결돼 움직이는 컴퓨터'라고 할 수 있다. 여기에서 핵심 기술은 초고속 인터넷이다. 고속으로 달리는 자동차에서도 끊기는 일 없이 초고속 이동통신이 가능해야 한다. 5G 기반의 인터넷이 커넥티드카를 완성하는 기반이 될 것으로 보인다.

여러 종류의 자동차 센서

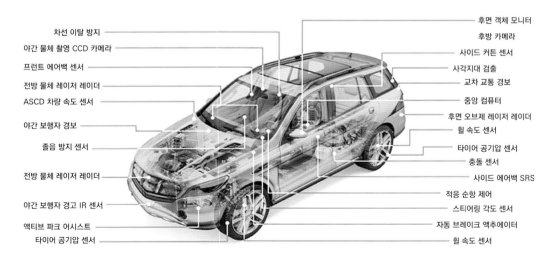

차선 이탈 방지
야간 물체 촬영 CCD 카메라
프런트 에어백 센서
전방 물체 레이저 레이더
ASCD 차량 속도 센서
야간 보행자 경보
졸음 방지 센서
전방 물체 레이저 레이더
야간 보행자 경고 IR 센서
액티브 파크 어시스트
타이어 공기압 센서

후면 객체 모니터
후방 카메라
사이드 커튼 센서
사각지대 검출
교차 교통 경보
중앙 컴퓨터
후면 오브제 레이저 레이더
휠 속도 센서
타이어 공기압 센서
충돌 센서
사이드 에어백 SRS
적응 순항 제어
스티어링 각도 센서
자동 브레이크 액추에이터
휠 속도 센서

자동차의 대표적인 센서들. 자동차에는 우리가 상상하지 못한 다양한 종류의 센서가 부착돼 있다.
놀랍게도 그림에서 언급하지 않은 센서가 더 많다.

© AVNET

게다가 자동차는 스마트폰보다 훨씬 더 비싼 기기이므로, 스마트폰보다 훨씬 더 다양한 일을 할 수 있다. 우선 입력 장치를 비교해 보자. 스마트폰에는 입력 장치로 터치 패드, 마이크, 카메라, GPS, 가속도 센서, 자기 센서, 밝기 센서, 적외선 센서 등이 달리는데, 자동차에는 이보다 훨씬 복잡하고 다양한 센서가 달려 있다.

입력 장치뿐인가. 스마트폰의 출력 장치는 화면, 스피커, 진동 등이 고작이지만, 자동차는 훨씬 다양한 출력 장치를 갖고 있다. 자동차 본연의 임무인 주행, 핸들 제어, 전조등, 방향등, 브레이크등, 창문 개

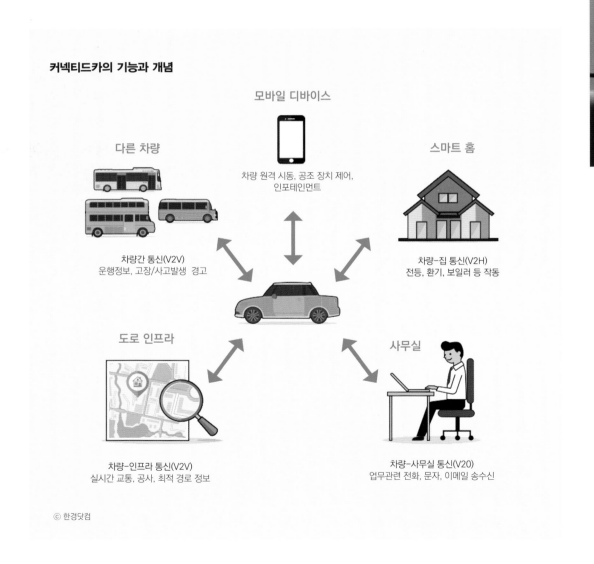

커넥티드카의 기능과 개념

모바일 디바이스
차량 원격 시동, 공조 장치 제어, 인포테인먼트

다른 차량
차량간 통신(V2V)
운행정보, 고장/사고발생 경고

스마트 홈
차량-집 통신(V2H)
전등, 환기, 보일러 등 작동

도로 인프라
차량-인프라 통신(V2V)
실시간 교통, 공사, 최적 경로 정보

사무실
차량-사무실 통신(V2O)
업무관련 전화, 문자, 이메일 송수신

ⓒ 한경닷컴

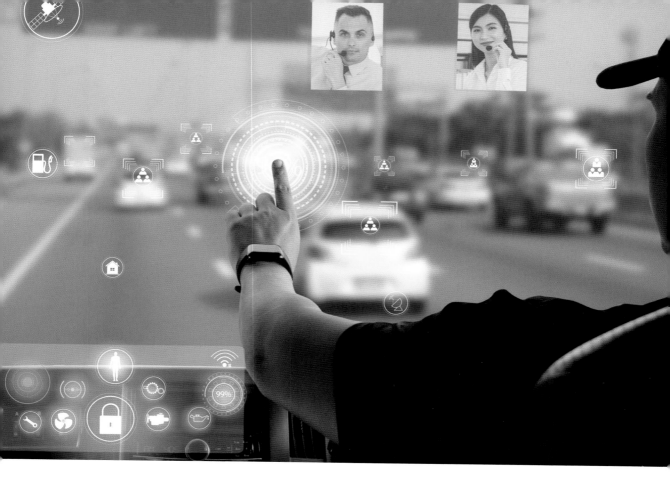

폐 장치, 의자 위치 조절 장치, 히터와 에어컨, 와이퍼 등을 비롯해 셀 수 없이 많은 출력 장치가 달려 있다. 스마트폰으로도 할 수 있는 일이 무궁무진한데, 이보다 훨씬 더 다양한 입출력 장치가 달린 커넥티드카는 두말할 것도 없다.

자동차 기업들이 미래의 자동차라고 소개하는 커넥티드카에는 어떤 기능이 달려 있을까? 현재 구현된 핵심 기능을 알아보자.

대화형 음성 인식

자동차에서 음성으로 명령을 내리는 건 매우 유용하다. 집에서도 인공지능 스피커에 말을 걸고 명령을 내리는 등의 일을 할 수 있지만, 최근 조사에 따르면 사람들은 제품을 구매한 지 한 달 뒤에는 해당 기능을 잘 쓰지 않는다고 한다. 음성으로 명령하는 것보다 그냥 버튼을 누르는 것이 더 편하기 때문일 것이다. 아직 완전하게 작동하지 않는 음성 인식 기술 때문일 수도 있다.

하지만 자동차 음성 명령 기능은 인공지능 스피커보다 훨씬 더 유용하다. 운전하는 도중 무언가를 조작하는 행위는 불편하고 어렵다. 더 나아가 안전에 치명적인 악영향을 미칠 수 있다. 따

실시간 경로 탐색

라서 음성으로 정확히 명령을 내릴 수 있다면, 그 어떤 장소보다 효율적으로 쓰일 것이다. 현재 자동차의 음성 명령은 전화 걸기, 길 안내 등 제한적인 기능만 제공하지만, 차량 전반의 제어와 일상 정보 검색까지 가능한 대화형 서비스로 진보하고 있다.

음성 인식 정확도도 좋아지고 있다. 인공지능 스피커나 스마트폰 등에서 사용하는 음성 인식 기능은 인공지능의 도움으로 성능이 급격히 좋아져서 성인의 경우 99% 이상의 정확도를 보인다. 그러나 고속으로 달리는 자동차 안에서는 소음이 섞이기에 조용한 장소와 달리 음성 인식 정확도가 떨어진다. 이 때문에 자동차에 쓰이는 음성 인식 엔진은 소리의 주요 특징 값을 1,000분의 1초 단위로 계산한다.

실시간 경로 탐색

대부분 자동차에 달린 내비게이션은 커넥티드카에서 한층 더 업그레이드된다. 음성으로 목적지를 검색하는 건 기본이고, 내 스마트폰과 소통해서 미리 입력해 둔 일정에 따라 "약속 장소인 ~로 갈까요?"라 묻는다. 교통 통제 센터에서 수집한 교통정보를 수신해서 최적의 경로로 안내한다. 자동차 상태에 따른 안내도 해 주는데, 예를 들어 연료 수위 센서와 소통해서 연료가 부족하면 가장 가까운 주유소를 추천하고 안내한다.

기다리는 상대방에게 현재 내 차의 이동 상황을 알려 줄 수도 있다. 내 차 위치 공유 기능을 이용하면 내 차의 경로, 목적지까지 남은 거리, 도착 예상 시간 등을 정확히 안내한다. 기다리는 사람에게 미리 알려 준비하게 하거나, 누군가를 길거리에서 픽업해서 이동하려는 경우 유용할 것으로 보인다.

차량 원격 제어

차량 원격은 이미 구현되어 사용하고 있는 기술이다. 스마트폰 앱을 사용해서 멀리 떨어진 자동차에 시동을 걸거나, 창문을 여닫거나, 히터와 에어컨을 제어할 수 있다. 자동차 문을 깜빡 잊고 잠그지 않으면 닫으라고 안내한다. 무더운 여름에는 에어컨을, 추운 겨울에는 히터를 미리 틀어 자동차에 탑승하면서부터 쾌적함을 느낄 수 있다. 자동차의 상황을 파악해 운전자에게 알려 주는 건 기본이다. 윤활유 교체, 브레이크 오일 교체, 에어컨 필터 교체, 타이어 공기압 부족, 이상 고온 등 다양한 상황을 인지하고, 운전자에게 상황에 맞는 조치를 취할 것을 추천한다.

또한 차량 원격 제어 기능은 자율주행 자동차 기술과 결합해서 새로운 서비스를 만들 것으로 보인다. 주차 공간 근처까지 운전한 다음 차에서 내리고, 버튼 하나를 누르면 자동으로 주차를 해 주는 기능은 현재 고급 승용차에 구현돼 있다. 멀리 떨어진 곳에 주차한 자동차를 현재 내가 있는 위치까지 오게 하는 기능은 테슬라가 선보인 바 있는데, 차량 원격 제어의 가장 진보한 서비스라고 할 수 있다.

차량 원격 제어 이미지
현재 출시되는 많은 자동차에는 리모컨 키나 스마트폰에서 원격으로 차를 주차할 수 있는 시스템이 적용되어 있다.

카투홈 서비스 이미지.
© 현대자동차

카투홈/홈투카

스마트폰이나 인공지능 스피커가 제공하는 스마트홈 기능의 자동차 버전이자 확장판이다. 집안의 가전제품을 자동차에서 제어할 수 있게 해 준다. 커넥티드카에서는 음성으로 제어할 수 있기에 운전 도중 집의 난방장치를 켜서 미리 따뜻하게 하거나, 창문을 열어 공기를 환기하는 등의 명령을 내릴 수 있다. 정반대로 집에 있는 인공지능 스피커에 명령을 내려 자동차를 원격으로 제어하는 것도 가능하다.

지금까지는 자동차를 타는 순간 집에서 했던 행동을 멈추고 운전을 하거나 음악을 듣는 등 새로운 행동을 해야 했다. 그러나 자율주행 자동차 기술의 발전으로 자동차가 또 하나의 거주 공간으로 인식되면서 둘 사이에 자연스러운 연결이 가능해졌다. 집에서 작업하던 문서를 그대로 이어서 작업하거나, 시청하던 영화를 이어서 보는 것 말이다. 카투홈, 홈투카는 두 공간을 자연스럽게 연결하는 기술로 발전할 것이다.

스마트 대시보드

최근 출시된 자동차를 보면 대시보드가 이전 자동차와 확연하게 다른 것을 알 수 있다. 복잡한 조작 버튼이 사라진 자리에 커다란 터

홈투카 서비스 이미지.
ⓒ 기아차동차

치패드가 달려 있다. 내비게이션이 길을 안내할 때, 음악을 들을 때, 주차를 위해 후진하고 있을 때 등 각각의 상황에 맞는 UI, UX가 구현돼 대시보드의 제한된 공간을 최대한 활용한다.

가까운 미래에는 직사각형 터치패드가 부착된 정도가 아니라 대시보드 전체가 스마트 패드처럼 구현될 예정이다. 이미 모터쇼에서는 대부분 자동차들이 이와 같은 스마트 대시보드를 선보인 바 있다. 자동차를 운전할 대상을 등록해 두면 운전자마다 취향에 맞는 대시보드 화면을 보이는 것도 가능하다. 물론 운전석의 시트나 사이드미러 등도 운전자에 따라 맞춤형으로 조절된다.

앞으로 자율주행 자동차가 상용화되면 대시보드는 운전을 위한 정보 제공보다 엔터테인먼트에 더 특화된 역할을 담당할 것으로 예상된다. 삼성과 하만은 '디지털 콕핏 2021'를 통해 자동차를 또 하나의 생활 공간으로 바꾼다는 개념을 선보였다. 자동차는 운전의 부담을 덜고 이동하는 동안 편안히 여가를 즐길 수 있는 공간이 된다.

삼성과 하만의 디지털 콕핏 2021. 자동차 전방 49인치, 후방 55인치의 거대한 QLED 화면으로 엔터테인먼트를 즐길 수 있다.

ⓒ 하만 인터내셔널

테슬라 오토 파일럿 기능으로 운행 중인 차량.

무선 업데이트 기능

한 스마트폰을 오래 사용한 사람은 소프트웨어 업데이트를 통해 성능이 획기적으로 개선되는 경험을 했을 것이다. 구글의 안드로이드나 애플의 iOS는 정기적으로 업데이트하는데, 오류가 개선되고 보안이 강화되며 사용자가 더 쓰기 편리한 기능을 담는다. 심지어 OS 업데이트로 배터리 사용 시간이 늘어나거나, 속도가 빨라지는 등의 성능 변화가 일어나기도 한다.

예전 자동차는 일단 구매하면 폐차할 때까지 소프트웨어 업데이트를 거의 하지 않는다. 가끔 특정 자동차에 치명적인 오류가 발생했을 때, 카센터에 방문해 업데이트하라는 안내가 오기도 하지만 대부분은 이런 상황을 만나지 않는다. 그러나 자동차가 네트워크에 연결돼 있다면, 이런 소프트웨어 업데이트를 수시로 수행할 수 있다.

이미 테슬라는 무선 업데이트를 자사의 자동차에 제공하고 있다. 특히 자율주행 기능인 '오토 파일럿'은 테슬라가 업데이트할 때마다 심혈을 기울이는 영역으로, 소프트웨어 업데이트만으로도 획기적인 성능 개선이 이뤄진다는 평가다. 테슬라는 오토 파일럿 기능을 구독 서비스로 유료화할 계획을 발표했고, 2021년부터 서비스를 시작했다.

이와 같은 구독 서비스는 커넥티드카의 새로운 수익 모델이 될 전망이다. 기능이 좋아지는 소프트웨어 서비스를 매달 비용을 지불하면서 사용한다거나, 자동차 안에서 넷플릭스와 같은 영상 스트리밍 서비스를 이용하는 식으로 말이다. 모건 스탠리는 "테슬라의 구독 서비스는 2025년까지 매출의 6% 정도를 차지하겠지만, 수익에서는 25%를 차지할 것"이라고 전망했다. 매우 고수익을 만들어 내는 산업이 될 것이라는 얘기다.

지능형 교통 시스템

미래 모빌리티를 완성하려면 자동차 외에도 자동차를 운행하는 데 필요한 모든 인프라가 함께 발전해야 한다. 예를 들어 전기 자동차가 정상적으로 운행하려면 전기 충전소를 많이 보급해야 하는 것처럼 말이다. 이중 빼놓을 수 없는 핵심 요소는 도로와 교통체계다. 교통수단과 교통 시설 전반에 IT 기술을 적용해 효율성을 높이는 체계를 '지능형 교통 시스템(ITS, intelligent transportation system)'이라고 부른다.

　신호등의 신호체계는 ITS에서 핵심적인 역할을 한다. 어떤 도로는 차가 많지 않은데도 신호등 탓에 도로가 정체된다. 예를 들어 녹색불이 켜져서 출발했는데 50m도 채 가지 않아 신호등이 붉은색으로 바뀌어 멈춰 세우기를 반복하는 경우다. 가고 서기를 반복하면서 자동차는 속력을 내지 못하고 도로는 정체된다.

　반대로 차가 꽤 많은데도 신호등 덕에 도로가 잘 뚫리기도 한다. 신호등들이 서로 작전회의를 한 듯이 순차적으로 녹색불이 들어오며 자동차가 멈추지 않고 달릴 수 있게 하는 경우다. 출근, 퇴근 시에 따라 가변도로를 운영해 더 막히는 방향의 차로를 추가로 확보하기도 한다. 고속도로는 어떤가. 하이패스 기술은 고속도로에서 항상 막히는 톨게이트 정체를 획기적으로 줄여 주었다. 이 모두가 ITS의 일부다.

　이런 지능형 교통 시스템은 도로 상황을 수집한 방대한 데이터를 기반으로, 복잡한 계산을 통해 완성된다. 지금까지는 숙련된 전문가가 일일이 관여해야 시스템을 만들고 적용할 수 있었다. 교통 데이터를 수집 및 분석해서 결론을 내기까지 시간이 오래 걸린다. 이러다 보니 신도시가 생기는

ITS(지능형 교통 시스템)

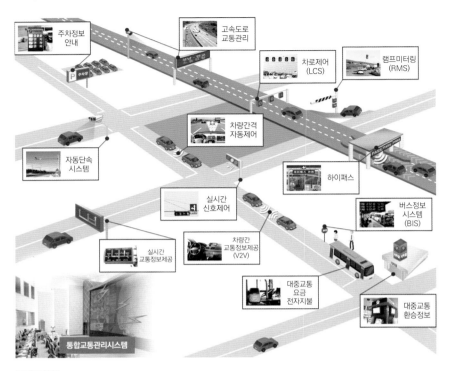

ⓒ 국토교통부

등의 변수가 생겨서 도로 상황이 달라져도 교통 시스템은 한참 뒤에나 바뀐다.

그러나 인공지능의 발전으로 ITS도 획기적인 변화가 일어날 것이 기대된다. 기존 교통 데이터와 새로운 교통 데이터를 순식간에 파악해 최적의 체계를 만들 수 있기 때문이다. 예전 프로그램은 변수가 생길 때마다 고려해야 할 것이 많았지만, 딥러닝을 사용하는 최근 인공지능은 변수를 처리하는데 매우 능숙하다.

꽉 막히는 퇴근 시간 사거리에서 경찰관이 직접 신호등을 조작하는 장면을 봤을 것이다. 해당 경찰관은 오랫동안 교통 관리를 해 온 경험과 현재 교통 상황을 파악하면서, 인위적으로 신호등의 시간을 조절한다. 기계적으로 신호를 바꾸는 신호등은 특정 방향의 정체를 누적시키지만, 숙련된 경찰관은 교통을 원활하게 만든다. 만약 인공지능이 이 숙련된 경찰관의 역할을 대신할 수 있다면 어떨까? 인간의 수고로움 없이도 차량 정체 현상을 최대한 적절하게 줄일 수 있다.

자율주행 자동차가 도로 위를 달리는 자동차 대부분을 차지하게 되면, ITS가 할 일은 더 많아진다. 자율주행 자동차는 군집주행 기술 등을 사용해서 도로를 더 효율적으로 쓰는데, 이때 교통체계가 연동돼야 제대로 작동한다. 예를 들어 신호등이 군집주행 중인 자동차 무리의 허리를 자르면 효율이 반감될 것이다. 군집주행 차는 사전에 ITS에 주행 정보를 알리고, ITS는 이런 상황을 모두 파악하면서 도로 상황을 통제하게 된다.

만약 모든 자율주행 자동차의 운행경로 정보가 의무적으로 ITS에 전달되도록 한다면, ITS는 이후 도로 상황을 실시간 단위로 예측할 수 있다. 특정 도로에 자동차가 많이 몰릴 상황이 예상되면 일부 자동차에 우회 경로를 이용하도록 지시를 내려 차량을 분산시키는 식으로 도로 전체를 통제하는 것도 가능하다. 물론 이 과정에서 보안과 개인정보 보호는 필수적으로 보장돼야 한다.

미래사회를 그린 영화에서 모든 차량이 엄청나게 빠르게 달리지만 아무런 사고도 없이 완벽하게 통제되는 장면을 종종 볼 수 있다. ITS가 만들 미래 모빌리티의 모습이다.

플라잉카 이미지.

MOBILITY 04-9

소유에서
공유로

모빌리티 서비스가 완성 단계에 이르면 자동차를 이용하는 형태는 두 가지로 나뉠 것으로 예상된다. 첫 번째는 지금과 같이 개인이 자동차를 구매해서 소유하는 형태다. 내가 소유한 물건에 관한 욕구는 인간의 본능과 같은 것이기에 아무리 공공 서비스가 발전해도 대체할 수 없다. 개인화 서비스는 더 강화될 것이다. 공장에서 똑같은 형태로 찍어 내는 대신 구매자의 취향에 따라 만들어 주는 맞춤형 제

뮤처 모빌리티 서비스를 누리는 미래도시 모습.
ⓒ 현대자동차

작이 더 발전한다.

특히 자율주행 자동차가 완성되면 자동차는 운전 편이성보다 거주 공간의 가치가 더 중요해지므로, 개인별 맞춤형 인테리어는 필수다. 가전제품에서는 이미 색상과 부품을 맘대로 조합하는 '비스포크(bespoke)'서비스가 일반화되고 있다. 지금까지 개인 맞춤형 자동차는 최고급 자동차 중 일부 모델에서만 선택적으로 적용할 수 있었지만, 3D 프린터의 발달로 비용을 낮추면서도 구현할 수 있게 됐다.

두 번째는 개인이 자동차를 굳이 소유하는 대신 공유하는 형태다. 이미 존재하는 차량 공유 서비스를 통해서 어떤 모습일지 짐작할 수 있다. 차량 호출, 차량 공유 등을 포함한 모빌리티 시장은 2019년 30억 달러 규모에서 2025년 608억 달러로 20배 이상 성장할 것으로 보이며, 최종적으로는 차량을 소유하는 시장보다 더 커질 것으로 예상된다.

다만 지금 존재하는 차량 공유 서비스보다 훨씬 더 정교하게 내 필요를 만족시키는 서비스로 발전할 것이다. 원하는 차량을 내가 원하는 장소와 시간에 받고 원하는 장소와 시간에 마음대로 반납할 수 있는 서비스, 마이크로 모빌리티와 연결해 모든 장소로 이동할 수 있게 해 주는 서비스, 대중교통과 연계해 비용과 시간을 줄이는 서비스 등이 등장해 굳이 자동차를 구매할 필요를 느끼지 못하도록 할 것이다.

게다가 함께 공유하는 자동차라 할지라도 충분히 개인화할 수 있다. 계정에 따라 각각 다른 UI, UX를 제공하는 기술은 이미 구현돼 있다. 처음 자동차를 구매할 때 드는 비용 부담, 차량의 소모품을 교체하고 수리하는 등의 관리 부담, 보험금이나 재산세와 같은 소유로 인해 발생하는 비용 부담, 주차 공간 확보에 관한 부담 등이 없이 그냥 편리하게 이용하기만 하면 된다. 자동차를 굳이 소유하지 않으려는 움직임은 이미 형성되어 가고 있고, 앞으로는 더욱 늘어날 것으로 예상된다.

맺음말

　모든 혁신적인 기술은 기술적 장벽과 사회적 장벽을 하나씩 극복하면서 성장합니다. 앞서 살펴본 자동차 산업의 세 가지 변화도 또한 그렇습니다.

　전기 자동차로 대표되는 친환경 자동차가 극복해야 할 장벽은 자동차 산업 내부의 저항입니다. 내연 기관 자동차가 오랫동안 구축한 산업 구조는 자동차가 친환경으로 가는 것을 용납하지 않을 겁니다. 새로운 인프라를 구축하려면 막대한 재원이 필요할 테지만, 기존 자동차 산업계는 재원을 마련하는데 협조적이지 않을 것입니다. 선진국이야 국가 차원에서 이를 강력히 추진할 수 있지만, 개도국 이하의 자동차 산업은 상당히 오랫동안 내연 기관으로 남아 있을 가능성이 매우 큽니다.

　자율주행 자동차가 극복해야 할 장벽은 아직 미완의 기술입니다. 금방이라도 가능할 것이라 여겼던 세계적 기업들이 가면 갈수록 고개를 절레절레 흔들며 어려움을 토로하고 있습니다. 이 기술의 어려움은 아주 작은 결함조차 인간의 생명과 직결된다는 데 있습니다. 그러나 백 년 넘도록 개와 고양이를 구분하지 못했던 컴퓨터가 어느 날 갑자기 똑똑해져서 온갖 사물을 구분할 수 있게 된 것처럼, IT 기술의 폭발적 성장 속도는 여전히 자율주행을 기대하게 합니다.

　공유 자동차가 극복해야 할 장벽은 사회적 합의입니다. 자율주행을 비롯한 각종 모빌리티 서비스는 필연적으로 일자리 문제를 일으킵니다. 어쩌면 기술 개발에 들여야 할 노력보다 사회적 합의에 들여야 할 노력이 훨씬 더 클지 모릅니다. 빨리 가려고만 해서는 안 됩니다. 한 번도 가지 않았던 세상이기에 이해 당사자는 물론이고, 각계각층의 의견을 세심하게 들어야 합니다. 자칫하면 인간을 이롭게 하려고 만든 기술이 인간을 궁지에 내몰 수도 있으니까요.

이런 점에서 자동차 산업은 제4차 산업혁명 시대에 수많은 산업계가 해결해야 할 다양한 문제의 종합판이라고 할 수 있습니다. 여기에서 배운 다양한 지혜와 지식, 사회적 합의는 다른 모든 산업계에 좋은 선례가 될 것입니다. 이것이 바로 우리가 자동차 산업의 변화에 주목해야 하는 이유입니다.

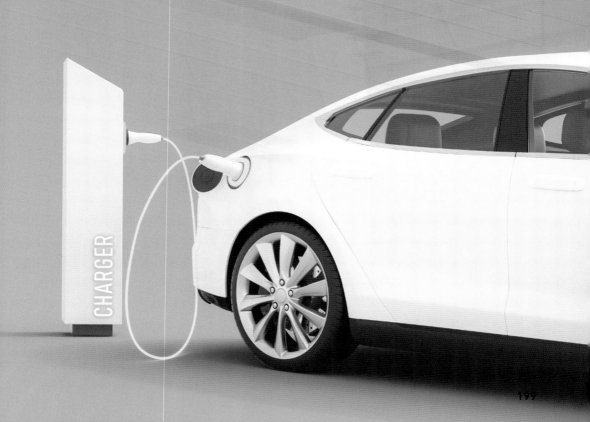